JN235864

電気・電子系 教科書シリーズ 19

電気機器工学

博士(工学) 前田　勉
工学博士　新谷 邦弘　共著

コロナ社

電気・電子系 教科書シリーズ編集委員会

編集委員長 高橋　　寛（日本大学名誉教授・工学博士）
幹　　事 湯田　幸八（東京工業高等専門学校名誉教授）
編 集 委 員 江間　　敏（沼津工業高等専門学校）
（五十音順）　竹下　鉄夫（豊田工業高等専門学校・工学博士）
　　　　　　　多田　泰芳（群馬工業高等専門学校名誉教授・博士（工学））
　　　　　　　中澤　達夫（長野工業高等専門学校・工学博士）
　　　　　　　西山　明彦（東京都立工業高等専門学校名誉教授・工学博士）

（2006 年 11 月現在）

刊行のことば

　電気・電子・情報などの分野における技術の進歩の速さは，ここで改めて取り上げるまでもありません。極端な言い方をすれば，昨日まで研究・開発の途上にあったものが，今日は製品として市場に登場して広く使われるようになり，明日はそれが陳腐なものとして忘れ去られるというような状態です。このように目まぐるしく変化している社会に対して，そこで十分に活躍できるような卒業生を送り出さなければならない私たち教員にとって，在学中にどのようなことをどの程度まで理解させ，身に付けさせておくかは重要な問題です。

　現在，各大学・高専・短大などでは，それぞれに工夫された独自のカリキュラムがあり，これに従って教育が行われています。このとき，一般には教科書が使われていますが，それぞれの科目を担当する教員が独自に教科書を選んだ場合には，科目相互間の連絡が必ずしも十分ではないために，貴重な時間に一部重複した内容が講義されたり，逆に必要な事項が漏れてしまったりすることも考えられます。このようなことを防いで効率的な教育を行うための一助として，広い視野に立って妥当と思われる教育内容を組織的に分割・配列して作られた教科書のシリーズを世に問うことは，出版社としての大切な仕事の一つであると思います。

　この「電気・電子系 教科書シリーズ」も，以上のような考え方のもとに企画・編集されましたが，当然のことながら広大な電気・電子系の全分野を網羅するには至っていません。特に，全体として強電系統のものが少なくなっていますが，これはどこの大学・高専等でもそうであるように，カリキュラムの中で関連科目の占める割合が極端に少なくなっていることと，科目担当者すなわち執筆者が得にくくなっていることを反映しているものであり，これらの点については刊行後に諸先生方のご意見，ご提案をいただき，必要と思われる項目

については，追加を検討するつもりでいます。

　このシリーズの執筆者は，高専の先生方を中心としています。しかし，非常に初歩的なところから入って高度な技術を理解できるまでに教育することについて，長い経験を積まれた著者による，示唆に富む記述は，多様な学生を受け入れている現在の大学教育の現場にとっても有用な指針となり得るものと確信して，「電気・電子系 教科書シリーズ」として刊行することにいたしました。

　これからの新しい時代の教科書として，高専はもとより，大学・短大においても，広くご活用いただけることを願っています。

1999年4月

編集委員長　高　橋　　　寛

まえがき

　電気機器学というのはとかく古めかしい分野の学問のように考えられることがある。歴史があるという意味では古いといえるが，他の電気関係の分野と同じように日々進歩していることに変わりはない。発電機，電動機の発明から始まり，各種の機器が改良，検討されてきたが，それらはすべて電気エネルギーの発生，輸送，変換などの役割を担う重要なものであった。また，これらの役割をいかに効率良く行うかという観点から，種々の理論的な検討などがなされ，エネルギー変換や制御を行う機器や素子の発達へ結びついたと考えることができる。その結果，各種のエネルギー源から電気エネルギーへの変換が容易であることに加え，電気エネルギー自身が変換効率が高いものであるという現在の評価を得るに至った。単なるひらめきや思いつきではなく，多くの先人達の努力と工夫の結果である。

　努力と進歩の結果は，一方で電気工学に関する領域の拡大を招き，大学のみならず高専においても新しい科目が順次導入されてきた。電気機器の分野にもパワーエレクトロニクスが取り入れられてきた。しかしながら，現状ではカリキュラムの見直しなどにより電気機器の単位数が削減され，そのために内容もある程度制限されてきた。そのような中で，電気機器学が電気工学における基礎科目であり，電気機器に関する知識が他分野，特にエネルギー関連の分野を理解するときにおおいに役立つ重要な科目であることに変わりはない。実際に電気機器について学習しようとするとき，電気磁気や電気回路の知識に加え，機器の立体的な構造をイメージして把握する能力が必要となる。このように，電気機器学が複合的な能力を要求する科目であることが，電気機器学は理解しにくいという印象を与えているのではないかという懸念もある。

　以上のことを考慮して，本書の執筆に当たっては，電気，電子，情報工学の

各分野において電気機器を初めて学ぶ工業高専や大学学部程度の学生を対象に，ページ数を履修時間内で消化できるものとし，難しい数式の使用を避け，電気磁気や電気回路の基礎知識があれば理解できるように留意した。最も基本的な各種機器の動作原理と特性に加え，最新の機器についても記述しているが，立体的な図面を多く使用することで機器の構造をイメージしやすくすることに努めた。

　電気機器は電気と磁気の相互作用を利用したものといえる。そのため，第1章では電気磁気学の基礎事項と機器に使用される磁気材料について述べている。第2章から第5章までの各章では，それぞれ基本とされる直流機，変圧器，誘導機および同期機について，動作原理，構造，諸特性などを説明している。ロボットや情報機器の多様化する用途に合わせて開発された新しい機器についても紹介している。また，演習問題は動作原理や運転方法を理解するために必要な基本的問題を厳選した。このような意図で記述した本書が，学生諸君が電気機器を理解する一助となれば望外の喜びである。

　本書の執筆に当たり，多くの電気機器関係の著書を参考にさせていただき，著者の方々に厚くお礼を申し上げる。また，記述の正確さには十分注意したつもりであるが，誤りや不備な点も多々あることと思われる。読者の方々からご教示，ご叱正をいただければ幸いである。終わりに，ご指導，ご鞭撻をいただいた編集委員およびコロナ社の各位に感謝の意を表する。

2000年12月

著　者

目　　　次

1.　　電気機器の基礎事項

1.1　エネルギー変換と電気機器 ……………………………………………… *1*
1.2　電磁気の基礎事項 …………………………………………………………… *4*
　1.2.1　電流の磁気作用と電磁力 ………………………………………… *4*
　1.2.2　電 磁 誘 導 ………………………………………………………… *5*
　1.2.3　磁 気 回 路 ………………………………………………………… *7*
1.3　発電機作用と電動機作用 …………………………………………………… *9*
1.4　電気機器用材料 ……………………………………………………………… *11*
　1.4.1　導 電 材 料 ………………………………………………………… *11*
　1.4.2　磁 性 材 料 ………………………………………………………… *12*
　1.4.3　絶 縁 材 料 ………………………………………………………… *15*
演習問題 …………………………………………………………………………… *17*

2.　　直　　流　　機

2.1　直流機の原理 ………………………………………………………………… *20*
　2.1.1　直流発電機の原理 …………………………………………………… *20*
　2.1.2　直流電動機の原理 …………………………………………………… *22*
2.2　直流機の構造 ………………………………………………………………… *23*
　2.2.1　直流機の基本構成 …………………………………………………… *23*
　2.2.2　電機子巻線 …………………………………………………………… *25*
2.3　直流機の理論 ………………………………………………………………… *28*
　2.3.1　誘導起電力 …………………………………………………………… *28*
　2.3.2　ト　ル　ク ………………………………………………………… *29*

- 2.3.3 直流機の回路表現と基本式 ……………………………………30
- 2.3.4 電機子反作用 ……………………………………………………31
- 2.3.5 整　　　流 ………………………………………………………34
- 2.4 直流発電機の種類と特性 ……………………………………………38
  - 2.4.1 直流発電機の種類 ………………………………………………38
  - 2.4.2 定　　　格 ………………………………………………………39
  - 2.4.3 直流発電機の特性 ………………………………………………40
- 2.5 直流電動機の種類と特性 ……………………………………………44
  - 2.5.1 直流電動機の種類 ………………………………………………44
  - 2.5.2 直流電動機の特性 ………………………………………………46
- 2.6 直流電動機の運転 ……………………………………………………51
  - 2.6.1 直流電動機の過渡動作 …………………………………………51
  - 2.6.2 直流電動機の始動 ………………………………………………52
  - 2.6.3 直流電動機の速度制御 …………………………………………54
  - 2.6.4 直流電動機の制動，逆転 ………………………………………57
- 2.7 直流機の損失，効率 …………………………………………………58
  - 2.7.1 損　　　失 ………………………………………………………58
  - 2.7.2 効　　　率 ………………………………………………………59
- 演習問題 ……………………………………………………………………62

3. 変　圧　器

- 3.1 変圧器の原理 …………………………………………………………65
  - 3.1.1 電圧変換の原理 …………………………………………………65
  - 3.1.2 負荷時の動作 ……………………………………………………68
- 3.2 変圧器等価回路 ………………………………………………………69
  - 3.2.1 巻線抵抗および漏れ磁束の影響 ………………………………69
  - 3.2.2 励磁回路 …………………………………………………………71
  - 3.2.3 変圧器等価回路 …………………………………………………72
  - 3.2.4 等価回路定数の測定 ……………………………………………78
- 3.3 変圧器特性 ……………………………………………………………80

3.3.1 定　　　　格 ·· 80
3.3.2 電 圧 変 動 率 ·· 80
3.3.3 損失および効率 ·· 82
3.4　　変圧器の構造 ·· 86
3.4.1 変圧器の基本構成 ·· 86
3.4.2 鉄心および巻線 ·· 87
3.4.3 変圧器付属設備 ·· 89
3.4.4 冷 却 方 式 ·· 90
3.5　　変圧器の結線 ·· 92
3.5.1 変圧器の極性 ·· 92
3.5.2 単相変圧器の三相結線 ·· 93
3.5.3 変圧器の並行運転 ·· 99
3.6　　各種の変圧器 ·· 100
3.6.1 単 巻 変 圧 器 ·· 100
3.6.2 三 相 変 圧 器 ·· 101
3.6.3 計器用変成器 ·· 103
演 習 問 題 ·· 105

4.　誘　　導　　機

4.1　　三相誘導電動機の原理と構造 ·· 108
4.1.1 三相誘導電動機の原理 ·· 108
4.1.2 誘導電動機の種類と構造 ·· 113
4.2　　三相誘導電動機の理論 ·· 116
4.2.1 起磁力と誘導起電力 ·· 116
4.2.2 誘導電動機の等価回路 ·· 120
4.2.3 回路定数の算定 ·· 126
4.3　　三相誘導電動機の特性 ·· 128
4.3.1 電 流 と 力 率 ·· 129
4.3.2 入 出 力 と 損 失 ··· 129
4.3.3 ト　ル　ク ·· 130
4.3.4 最大トルクと最大出力 ·· 131

目次

- 4.3.5 比例推移 …………………………………… 132
- 4.4 三相誘導電動機の運転 ……………………… 133
  - 4.4.1 始動法 ……………………………………… 133
  - 4.4.2 速度制御法 ………………………………… 139
  - 4.4.3 逆転法 ……………………………………… 142
  - 4.4.4 制動法 ……………………………………… 142
- 4.5 単相誘導電動機 ……………………………… 143
  - 4.5.1 動作原理 …………………………………… 144
  - 4.5.2 二相回転磁界 ……………………………… 146
  - 4.5.3 始動方法による分類 ……………………… 147
- 4.6 誘導電圧調整器 ……………………………… 150
  - 4.6.1 単相誘導電圧調整器 ……………………… 150
  - 4.6.2 三相誘導電圧調整器 ……………………… 152
- 演習問題 ………………………………………………… 154

5. 同期機

- 5.1 同期発電機の原理 …………………………… 156
- 5.2 同期発電機の構造と種類 …………………… 157
  - 5.2.1 回転界磁形と回転電機子形 ……………… 157
  - 5.2.2 原動機による分類 ………………………… 158
- 5.3 同期発電機の理論 …………………………… 160
  - 5.3.1 誘導起電力 ………………………………… 160
  - 5.3.2 電機子反作用 ……………………………… 162
  - 5.3.3 等価回路 …………………………………… 164
- 5.4 同期発電機の特性 …………………………… 167
  - 5.4.1 同期発電機の出力 ………………………… 167
  - 5.4.2 同期発電機の特性曲線 …………………… 168
- 5.5 同期発電機の並行運転 ……………………… 174
  - 5.5.1 運転条件と方法 …………………………… 174
  - 5.5.2 異常現象 …………………………………… 175

5.6　同期電動機 ………………………………………………… *177*
　5.6.1　同期電動機の原理 ……………………………………… *177*
　5.6.2　同期電動機の始動法と種類 …………………………… *177*
　5.6.3　同期電動機の特性 ……………………………………… *178*
5.7　その他の電動機 …………………………………………… *181*
　5.7.1　交流整流子電動機 ……………………………………… *181*
　5.7.2　サーボモータ …………………………………………… *182*
　5.7.3　ステップモータ ………………………………………… *185*
　5.7.4　ブラシレスDCモータ ………………………………… *188*
　5.7.5　リニアモータ …………………………………………… *189*
　5.7.6　超音波モータ …………………………………………… *190*
演習問題 …………………………………………………………… *193*

参 考 文 献 ……………………………………………………… *195*
演習問題解答 ……………………………………………………… *196*
索　　　　引 ……………………………………………………… *206*

1

電気機器の基礎事項

　現在の豊かな社会は，大量のエネルギーを使用することにより支えられている。人類のエネルギー利用は木などを燃やして暖房用としたり，食料を加工したことに始まる。つぎに，水車，風車，家畜などを使用し，労働力の軽減を図るようになり，さらに，蒸気機関の発明によって必要なときに必要な場所で機械エネルギーが得られるようになってからエネルギーの利用が本格化した。現在では技術の進歩によりさまざまな形でエネルギーの利用がなされるようになっているが，これらの中で特に，電気エネルギーが重要な位置を占めるようになってきている。ここでは電気エネルギーと他のエネルギーとの相互変換およびエネルギー変換を行うための機械器具すなわち，電気機器の種類について述べる。また，電気機器は電気と磁気の相互作用を利用したものがほとんどであるから，電気機器の動作原理を学ぶ上で重要な電磁気の基礎事項について説明するとともに，電気機器に使用される材料の基本的な性質についても説明する。

1.1 エネルギー変換と電気機器

　地球上にはさまざまな形のエネルギーが存在するが，その中で実際に利用されているものは，石油，石炭，天然ガス，原子力などの化学エネルギー，太陽熱，地熱などの熱エネルギー，水力，風力などの機械エネルギーなどである。これに対し，毎日の生活に必要なものとしては暖房などに使われる熱エネルギー，照明などに使われる光エネルギー，肥料，薬品用などに使われる化学エネルギー，家庭，工場，交通機関などの動力に使われる機械エネルギーなどがあげられる。したがって，電気エネルギーは，本来地球上に利用できるような形

で存在するものでもなく，また，毎日の生活に直接役に立つものでもない。それにもかかわらず，電気エネルギーが重要な位置を占めているのはつぎのような理由による。一つは，電気エネルギーがもつエネルギー変換の多様性にあり，一例を図 **1.1** に示す。

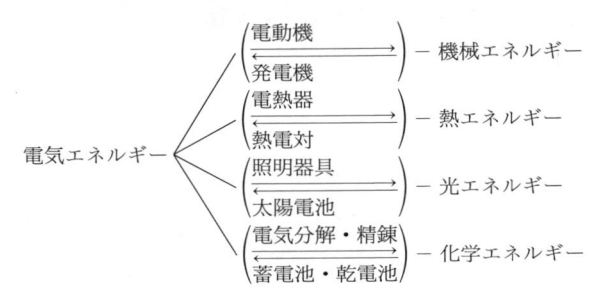

```
                    ┌ 電動機     ┐
                    │ ⇄         │ ― 機械エネルギー
                    │ 発電機     │
                    │ 電熱器     │
                    │ ⇄         │ ― 熱エネルギー
                    │ 熱電対     │
電気エネルギー ─────┤ 照明器具   │
                    │ ⇄         │ ― 光エネルギー
                    │ 太陽電池   │
                    │ 電気分解・精錬 │
                    │ ⇄         │ ― 化学エネルギー
                    └ 蓄電池・乾電池 ┘
```

図 **1.1** 電気エネルギーの変換

すなわち，地球上に存在する各種のエネルギーは容易に電気エネルギーに変換でき，さらにこれを毎日の生活に必要な熱，光，化学，機械エネルギーなどの他のエネルギーにも容易に変換できることにある。また，電気エネルギーは電圧の大小，周波数の高低などそれ自身の形態の変換が効率よく簡単に行えるため，輸送・配分，制御が容易である。さらに，エネルギー変換時の自然環境への影響が少ないクリーンなエネルギーであり，安全性が高いことも重要である。

　このような，電気エネルギーと他のエネルギーとの相互変換および電気エネルギーの間の相互変換を行う各種の機械器具を広い意味では電気機器という。しかしながら実際には，もう少し狭い意味に限定したものを**電気機器**（electrical machinery and apparatus）と呼ぶことが多く，図 **1.2** のように分類される。

　電気機器はまず，**回転機**と回転部分を有しない**静止器**に分けられる。回転機は機械エネルギーを電気エネルギーに変換する**発電機**と逆に電気エネルギーを機械エネルギーに変換する**電動機**に分けられるが，両者の基本的な構造は同じであり，たがいに可逆的な動作をするものが多い。そして，発電機，電動機と

```
(1) 回転機　(a)　発電機　┐　┌直流機
　　　　　　 (b)　電動機　┘　└交流機　┌単相機 ┐ ┌同期機
　　　　　　　　　　　　　　　　　　　　└三相機 ┘ └非同期機（誘導機）
(2) 静止器　(a)　変圧器
　　　　　　 (b)　コンデンサ
　　　　　　 (c)　リアクトル
　　　　　　 (d)　半導体電力変換装置
　　　　　　　　　（整流装置，周波数変換装置，電圧変換器）
```

図 *1*.*2*　電気機器の分類

もに電気エネルギーの形態により**直流機**と**交流機**に分けられ，交流機はさらに単相と三相に分けられる。また，交流機は，周波数と回転数との関係から**同期機**と**非同期機（誘導機）**に分けられ，周波数と回転数がつねに一定の関係にあるものを同期機，そうでないものを非同期機と呼ぶ。

　これらの各種回転機のおもな用途はつぎのようである。電気エネルギーの発生の大部分は発電機によっており，電力系統では 50 または 60 Hz の三相交流が使用され，発電所では三相交流発電機（同期発電機）が用いられている。一方，電気エネルギーの約半分は電動機により機械的なエネルギーに変換されて使用されており，電動機の用途はきわめて広くなってきている。自動車などのように電源が電池であり直流に限られるところおよび鉄道などのように精密な速度制御が要求されるところでは直流機が使用される。また，一般の動力源としては構造が簡単で，堅牢，保守点検の容易な誘導機が使用され，工場などの大容量のものには三相誘導電動機，家庭用の小容量の動力としては単相誘導電動機が用いられている。なお，誘導電動機は従来は精密な速度制御を必要としないところで使用されてきたが最近では技術の進歩により精密な速度制御が可能となりこのような用途にも使用されている。このほか，多様化する用途に合わせて各種の電動機が開発され，直流電動機の整流子，ブラシの働きを半導体素子に置き換えた**ブラシレスモータ**や歩進的動作をする**ステッピングモータ（パルスモータ）**，直接直線運動をさせる**リニアモータ**なども使用されるようになっている。

　静止器の代表的なものは**変圧器**であり，電気エネルギーを効率的に輸送・配

分するために使用される電力用の大容量のものから、電子，通信機器に使用される小容量のものまで各種のものがある。なお，電力系統の力率改善，高調波の軽減を図り電力を安定に供給するためコンデンサやリアクトルが使用され，各種の電気機器の精密な制御のため，半導体素子を用いた電圧，周波数などの変換器が使用されるがこれらについては本書では取り扱わないこととする。

1.2 電磁気の基礎事項

1.2.1 電流の磁気作用と電磁力

磁石の周囲では磁性体に吸引または反発力が働く。このような磁気的な力が作用をする空間を**磁界**（magnetic field）と呼ぶ。図 **1.3** のように導体に電流を流すとその周囲に磁界ができ，r[m] 離れた点の**磁界の強さ**（magnetic field strength）H は次式となる。ただし，右ねじの進む向きを電流の向きにとったとき，ねじを回す向きが磁界の向きとなり，磁力線を用いて表す。なお，その本数は磁界の強さに比例し，ある面を通る磁力線の総数を磁束と呼び単位には Wb が用いられる。

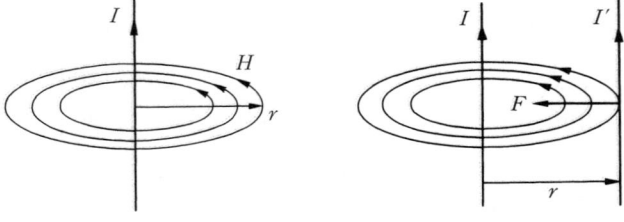

$$H = \frac{I}{2\pi r} \quad [\text{A/m}] \tag{1.1}$$

図 **1.3** 電流による磁界　　図 **1.4** 電 磁 力

図 **1.4** のようにこの磁界中に導体をおき，電流 I' を流すとこれに力を生じ，その単位長さ当りの大きさは次式となる。ただし，μ は導体の周辺の物質により決まる定数で**透磁率**（permeability）と呼ばれる。

$$F = \frac{\mu II'}{2\pi r} = \mu HI' \quad [\text{N}] \tag{1.2}$$

μH は物質による磁界の違いを直接示すため磁界による力を求めるのに使用され，B で表して**磁束密度**（magnetic flux density）と呼び，単位には T が用いられる。なお，地磁気は 5×10^{-5} T 程度であるのに対し，回転機では 0.5 T，変圧器では 1.5 T 程度となる。

$$B = \mu H \quad [\text{T}] \tag{1.3}$$

したがって，導体の長さを L [m] とすると導体に働く力 F は次式となる。

$$F = I'BL \quad [\text{N}] \tag{1.4}$$

すなわち，1 T の磁界中に長さ 1 m の導体をおき，1 A の電流を流すと 1 N の力を生ずることになる。磁界，電流の向きに対し，力の向きは**図 1.5** のようになり，**フレミングの左手の法則**（Fleming's left hand rule）と呼ばれる。

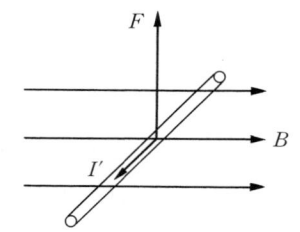

図 1.5 フレミングの左手の法則

1.2.2 電磁誘導

図 1.6 のようにコイルの近くに磁石をおいて磁束がコイルと交わるようにし，磁石を動かしてコイルと交わる磁束を変化させるとコイルには起電力が誘導される。この場合の起電力の方向は磁束の変化を妨げる方向となる。すなわち，磁石を近づけた場合にはコイルと交わる磁束は増加するから，発生した起電力による電流に基づく磁束はコイルと交わる磁束を減少させるように作用し，図の実線の方向となる。これに対し，磁石を遠ざけた場合にはコイルと交わる磁束は減少するから，発生した起電力による電流に基づく磁束はコイルと交わる磁束を増加させるように作用し，図の破線の方向となる。これを，**レン**

1. 電気機器の基礎事項

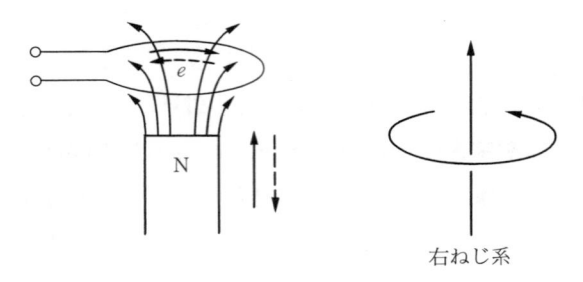

図 1.6 電磁誘導現象

ツの法則（Lenz's law）という。

また，誘導起電力の大きさは磁束の変化の割合に比例し，巻数 w に比例する。これを**電磁誘導**（electromagnetic induction）**の法則**と呼ぶ。右ねじを回す方向とこれが進む方向との関係を**右ねじ系**（right-handed thread）と呼び，起電力の正方向とこの起電力による電流に基づく磁束の正方向との関係を右ねじ系にとると誘導起電力は，次式で表される。

$$e = -w\frac{d\phi}{dt} \quad [\text{V}] \tag{1.5}$$

すなわち，1秒間に1Wbの磁束が変化するとコイル1回当り1Vの起電力が誘導されることになる。**図 1.7** のように，磁束密度が B [T] の磁界中において長さ L [m] の導体を時間 dt の間に距離 dx だけ動かした場合の磁束の変化は磁束密度に導体が動いた面積をかけたものであり，$d\phi = BLdx$ となる。したがって，導体1本に誘導される起電力の大きさは式 (1.5) より次式とな

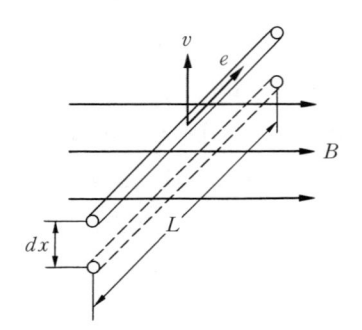

図 1.7 フレミングの右手の法則

る。

$$e = BL\frac{dx}{dt} \quad [\text{V}]$$

ここで，dx/dt は導体の速度であり，これを $v\,[\text{m/s}]$ とすると次式が得られ，起電力の方向は**図 1.7**のようになり，**フレミングの右手の法則**（Fleming's right hand rule）と呼ばれる。

$$e = vBL \quad [\text{V}] \tag{1.6}$$

1.2.3 磁 気 回 路

電動機や発電機を動作させるには強い磁界が必要であり，小型のものでは永久磁石が用いられるが一般には電磁石が使用される。**図 1.8**のように透磁率が μ の磁性材料を用いて磁束の通路を構成し，巻数が w の巻線を施し，電流 I を流すと，磁界の強さおよび磁束密度は次式となる。ただし，磁束の通路の平均の長さを L とする。

$$H = \frac{wI}{L}, \; B = \mu H = \frac{\mu wI}{L} \quad [\text{T}] \tag{1.7}$$

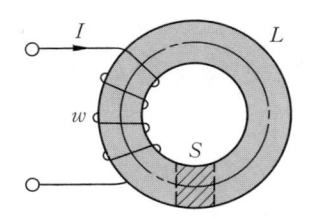

図 1.8　磁 気 回 路

断面積を S とすると磁束は次式となる。

$$\phi = SB = \frac{\mu wIS}{L} \quad [\text{Wb}] \tag{1.8}$$

この場合，磁束は電流および巻数に比例するから，この積は磁束を発生させる基になる力であり，**起磁力**（magnetomotive force）と呼び $F = wI$ で表すと磁束は次式で表される。

$$\phi = \frac{F}{R} \quad [\text{Wb}] \tag{1.9}$$

1. 電気機器の基礎事項

ただし，R は磁束の通路を構成する磁性材料の種類および寸法で決まるもので**磁気抵抗**（reluctance）と呼ばれ，次式となる．

$$R = \frac{L}{\mu S} \tag{1.10}$$

これらを，**図1.9**の電気回路と比較して考えると起電力に相当するものが起磁力であり，電流は磁束，電気抵抗は磁気抵抗に相当し，磁束の通路を**磁気回路**（magnetic circuit）と呼ぶ．

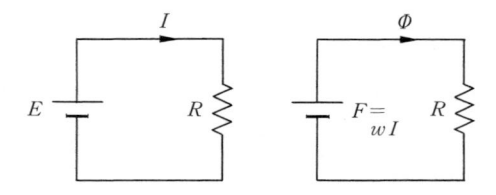

図1.9 電気回路と磁気回路

回転機などでは回転子と固定子の間に隙間（**ギャップ**（gap））があり，ここでは磁束は空気中を通ることになり，磁気回路の一部が異なった材料で構成されることが多い．この場合の磁気回路は**図1.10**のようになり，全磁気抵抗は次式となる．ただし，空気の透磁率を μ_0，ギャップの長さを L_g，材料 a の部分の長さを L_a，面積を S_a，透磁率を μ_a，材料 b の部分の長さを L_b，面積を S_b，透磁率を μ_b とする．

$$R = R_g + R_a + R_b$$

$$R_a = \frac{L_a}{\mu_a S_a}, \ R_b = \frac{L_b}{\mu_b S_b}, \ R_g = \frac{L_g}{\mu_0 S_b} \tag{1.11}$$

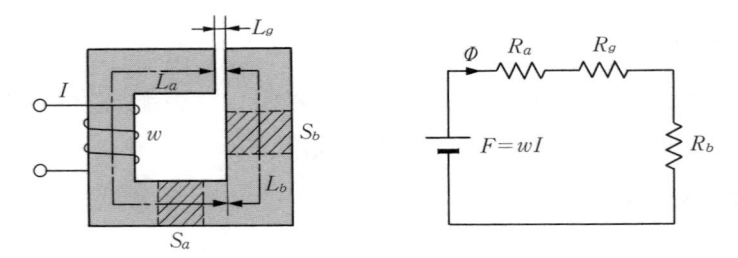

図1.10 直列磁気回路

すなわち，異なった磁気抵抗が直列に接続されているものとして取り扱うことができる。

また，磁束の通路が2個以上ある場合の磁気回路を図 **1.11** に示す。この場合には並列磁気回路として取り扱うことができ，全磁気抵抗は次式となる。ただし，材料 a，b，c の部分の長さ，面積，透磁率にそれぞれ a，b，c をつけて表している。

$$R = R_a + \frac{R_b R_c}{R_b + R_c}$$

$$R_a = \frac{L_a}{\mu_a S_a}, \ R_b = \frac{L_b}{\mu_b S_b}, \ R_c = \frac{L_c}{\mu_c S_c} \qquad (1.12)$$

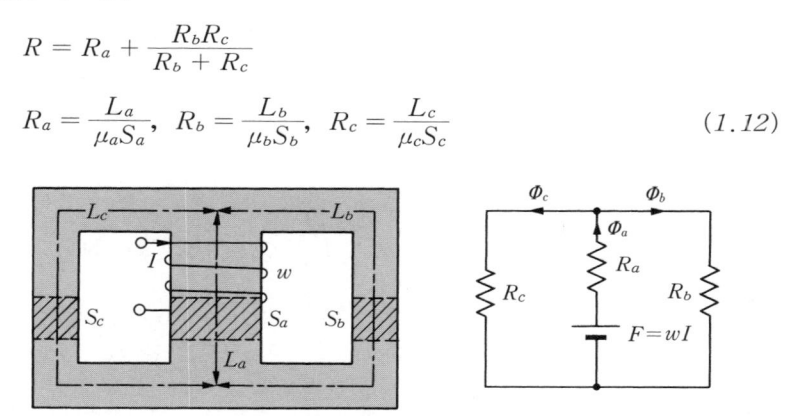

図 **1.11** 並列磁気回路

1.3 発電機作用と電動機作用

図 **1.12** のように，磁束密度が B [T] の磁界中において長さ L [m] の導体を一定の速度 v で動かした場合の動作について考える。導体には起電力が誘導され，その大きさ e は式 (1.6) より求めることができ，$e = vBL$ となる。また，誘導起電力の向きは図 **1.7** より定まり，図示の方向となる。導体の両端に接続した抵抗を R [Ω]，導体を含む回路の抵抗を r [Ω] とすると電流 $i = e/(R+r)$ が流れる。これにより，電磁力 F を生じ，その大きさは式 (1.4) より求めることができ，$F = iBL$ となり，方向は下向きとなる。したがって，導体が上方向に速度 v で運動を続けるためには電磁力と大きさが等しい外力

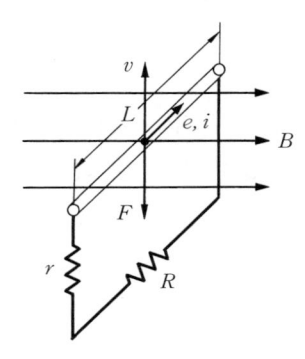

図 1.12 発電機動作

F' を上方向に加える必要があり，導体に加えられる単位時間当りの機械的エネルギー（動力）P は次式となる。

$$P = F'v \quad [\text{W}] \tag{1.13}$$

ここで，$F' = F = iBL$，$v = e/BL$ であることより，機械的動力 P は次式となる。

$$P = iBL\frac{e}{BL} = ie = i^2R + i^2r \tag{1.14}$$

すなわち，導体に加えられた機械的動力 $F'v$ は電力 ie に変換され，外部に接続された抵抗に供給される電力 i^2R と回路抵抗で消費されるジュール損 i^2r の和となり，発電機動作が行われていることになる。

つぎに，図 1.13 のように，磁束密度が B [T] の磁界中におかれた長さ L [m] の導体の両端に E [V] の起電力を供給し，外力 F' を加えた場合の動作に

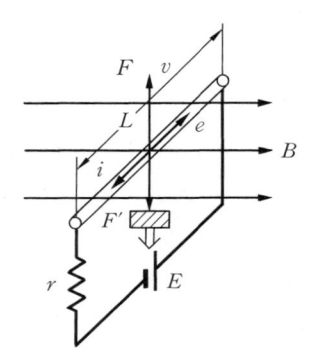

図 1.13 電動機動作

ついて考える．導体には電流 i が流れ，図の方向に電磁力 F を生じ，運動を始める．平衡状態では電磁力と外力の間に $F = F' = iBL$ の関係が成り立ち，導体の速度を v，誘導起電力を e，回路の全抵抗を $r[\Omega]$ とすると回路には次式が成り立つ．

$$E = e + ir = vBL + ir \tag{1.15}$$

ここで，電源から供給される電力 P は次式となる．

$$\begin{aligned} P = Ei &= (vBL + ir)i \\ &= vBLi + i^2 r = F'v + i^2 r \end{aligned} \tag{1.16}$$

すなわち，電源から供給された電気エネルギーは機械的エネルギー $F'v$ と回路抵抗でのジュール損 $i^2 r$ に変換され電動機動作が行われていることになる．なお，この場合，電磁力の最大値は $F = BLE/r$ である．

1.4 電気機器用材料

1.4.1 導電材料

導電材料としては抵抗が小さく，加工が容易で安価であることなどが必要とされ，最も多く使用されているのは銅である．銅線としては**図 1.14** のようにその断面が円形の丸線または長方形の平角線がある．小電流用としては加工の容易さから丸線が使用され，直径が 3.2 mm 以下のものが製作されており，電流が大きくなり，断面の大きなものが必要なところではスペースを有効に利用できる平角線が使用される．抵抗値としては**図 1.15** のように，長さ 1

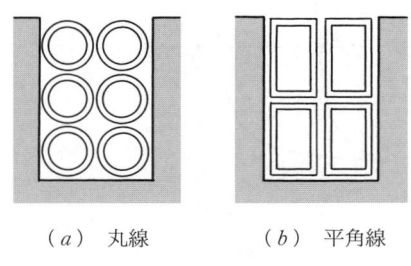

(*a*) 丸線　　(*b*) 平角線

図 1.14 銅線の種類

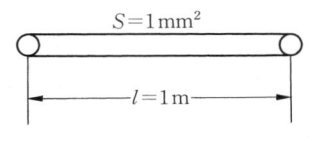

図 1.15 銅線の抵抗

m，断面積 1mm² の値を用いるのが実用上便利で，20℃ において $1/58 = 0.0172\,\Omega$，密度は $8.89\,\mathrm{g/cm^3}$ である。また，抵抗値は温度によって変化し，10℃ から 100℃ では次式で表される。ただし，t_1 [℃] における抵抗を R_1，t_2 [℃] における抵抗を R_2，抵抗温度係数を α とする。なお，α は温度により変化し，20℃ において 0.00393 である。

$$R_2 = R_1\{1 + \alpha(t_2 - t_1)\} \quad [\Omega] \tag{1.17}$$

1.4.2 磁性材料

図 **1.16** のように磁性材料で構成された磁気回路部分を**磁心**（magnetic core）または鉄が用いられる場合には**鉄心**（iron core）と呼ぶ。これに，巻線を設けて電流を流し，磁界の強さ H を変化させた場合，磁束密度 B の変化は図 **1.17**(a) のようになる。$H = 0$ の 0 点から H を増加すると H が小さいところでは B はほぼ比例して増加し，0-a のようになる。B が大きくなり

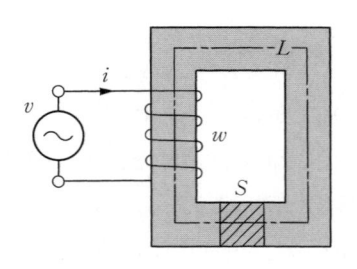

図 **1.16** 磁心の構成

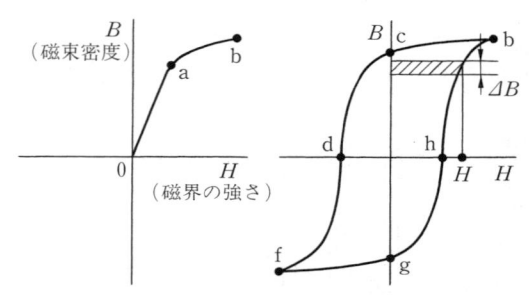

(a) 飽和特性　　(b) ヒステリシス特性

図 **1.17** 磁化特性（ヒステリシス曲線）

a点を超えると B の増加の割合は減少し a-b のようになり，これを**磁気飽和現象**（magnetic saturation）という。b点から H を減少させると B の変化は図(b) の b-c のようになり，初めの 0-b の変化とは異なったものとなる。そして，電流の方向を逆にして増加させると c-d-f のように変化し，ここから電流の大きさを減少させると f-g のようになり，再び電流の方向を逆にして増加させると b 点にもどる。このように H の増加時と減少時では B の値は異なった変化を示し，これを**ヒステリシス現象**（hysteresis）と呼び，H と B の関係を**磁化特性**（magnetization characteristic），H と B の関係を表す曲線をヒステリシス曲線または B-H ループと呼ぶ。

電源が交流の場合には電圧を v，電流を i，周波数を f，周期を $T = 1/f$ とすると電源から供給される平均電力は次式となる。

$$P = \frac{1}{T}\int_0^T vi\,dt \tag{1.18}$$

ここで，磁気回路の平均の長さを L，巻線の巻数を w とすると，電流 i と磁界の強さ H の間には $i = HL/w$ の関係があり，また，断面積を S とすると電圧 v と磁束密度 B の間には $v = wS \cdot dB/dt$ の関係が成り立つからこれらを式（1.18）に代入すると次式が得られる。

$$P = LS\frac{1}{T}\int_0^T H\,dB \tag{1.19}$$

式（1.19）は B-H ループの面積が単位体積当りの磁心内で消費される電力に相当することを示しており，熱に変換され，これを**ヒステリシス損**（hysteresis loss）と呼ぶ。磁束密度の最大値 B_m が大きくなると**図 1.18** のように B-H ループの面積は増加し，ほぼその 2 乗に比例する。また，電源の 1 周期ごとに B-H ループの面積に相当する電力が消費されるから，単位質量当りのヒステリシス損 P_h は周波数に比例し次式で表される。ただし，δ_h は磁性材料の種類で決まる定数である。

$$P_h = \delta_h f B_m^2 \quad [\text{W/kg}] \tag{1.20}$$

また，磁心内の磁束が変化すると**図 1.19** のように巻線だけでなく磁心内

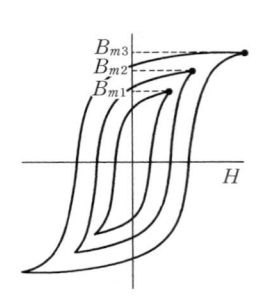

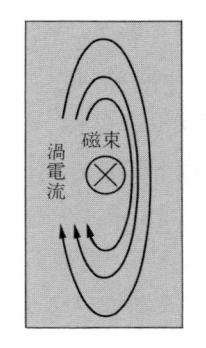

図 1.18 磁化特性の比較　　**図 1.19** 渦 電 流

にも起電力を生じ，磁心が導体の場合には電流が流れ，熱に変換されることになり，これを**渦電流損**（eddy current loss）と呼ぶ。この起電力は磁束の変化の割合に比例するから，単位質量当りの渦電流損 P_e は次式で表される。ただし，δ_e は磁性材料の種類で決まる定数である。

$$P_e = \delta_e (fB_m)^2 \quad [\text{W/kg}] \tag{1.21}$$

磁心内の磁束が変化する場合にはヒステリシス損と渦電流損を生ずることになり，これらをあわせて**鉄損**（iron loss）と呼ぶ。

以上のことから，磁束が変化しないところに使用する磁性材料としては透磁率が大きいこと，飽和状態となる磁束密度（**飽和磁束密度**と呼び B_s で表す）が大きいことが必要とされ，炭素鋼などが使用される。また，磁束が変化するところではさらに鉄損が少ないことが必要であり，ヒステリシスループの面積が小さく，電気抵抗が大きくて渦電流の少ないものが必要とされ，鉄に数％程度以下のけい素を加えたけい素鋼を 0.5 mm から 0.3 mm 程度の厚さに圧延し，表面を絶縁処理した**けい素鋼板**（silicon steel plate）が使用される。けい素含有量を多くすると鉄損は少なくなるが堅くてもろくなり細かな加工が困難となる。このために変圧器のような簡単な形状の場合にはけい素含有量の多いものが適し，回転機のような複雑な形状のものではけい素含有量の少ないものが適する。なお，けい素鋼板には，**無方向性けい素鋼板**（non-oriented silicon steel plate）と**方向性けい素鋼板**（grain oriented silicon steel plate）

の2種類がある。図 **1.20** のように無方向性けい素鋼板はいずれの方向に磁化しても同じような特性を示すのに対し，方向性けい素鋼板は圧延方向に磁化した場合には無方向性のものより透磁率，飽和磁束密度が大きく，鉄損が少なくなるが，他の方向に磁化した場合には無方向性のものよりこれらの特性が劣る特徴を有する。したがって，一般に，回転機のように磁化の方向が変化するものでは無方向性のものを使用し，変圧器のように磁化の方向が変化しないものでは方向性のものを使用する。磁化特性の一例は図 **1.21** のようになり，透磁率は無方向性けい素鋼板では 0.01 から 0.02 H/m，方向性けい素鋼板で 0.04 から 0.05 H/m 程度である。また，鉄損は無方向性けい素鋼板を周波数 50 Hz，最大磁束密度 1.5 T で使用した場合 3 から 10 W/kg，方向性けい素鋼板を周波数 50 Hz，最大磁束密度 1.7 T で使用した場合 1 から 1.5 W/kg 程度であり，けい素含有量，鋼板の厚さ等で異なる。なお，けい素鋼板の密度は 7.65 g/cm³ である。

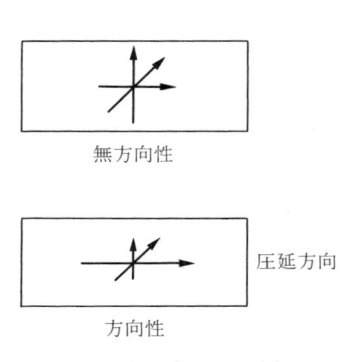

図 **1.20** 無方向性けい素鋼板と方向性けい素鋼板

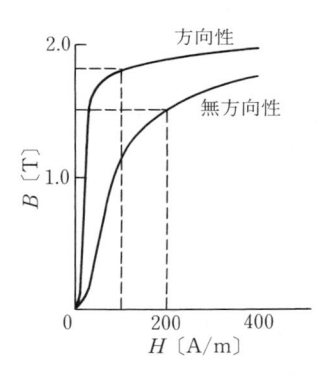

図 **1.21** けい素鋼板の磁化特性

1.4.3 絶縁材料

電気機器は電気回路を構成する巻線と磁気回路を構成する鉄心からなっているが，巻線相互間および巻線と鉄心間を絶縁する材料も必要である。絶縁材料としては絶縁耐力が大きく，薄いテープ状にできるなど加工が容易であるこ

コーヒーブレイク

モータの活躍

モータの製作に関する研究は19世紀前半に始められ，電磁石の吸引，反発力を利用したものが製作され，電車や旋盤などの工場の動力として使用することが試みられた。しかしながら，電池を電源としていたため蒸気機関の方が経済的であることから実用化は進まず，電気はむしろ通信，照明等の用途が拡大したため発電機の開発の方に主力が注がれた。

19世紀後半になると容量の大きな直流発電機が完成して電力が安価に得られるようになった。そして，接続ミスからこの発電機がモータとして動作することがわかると再び注目され直流モータが公害のない交通機関として鉄道に利用されることになった。さらに，3相交流技術が確立され，回転磁界を用いた3相交流モータが製作され，安価，堅牢で保守，点検も容易になると工場などの動力の主流となり，以後，100年の歴史をもつことになる。

現在では，永久磁石の高性能化などによりモータの小型化が可能となり，ブラシ，整流子を半導体素子で置き換えたDCブラシレスモータが製作されるなどその種類も豊富となり，半導体素子を用いた電力制御回路と組み合わせて使用することにより精密な速度，位置などの制御が可能となったため，用途は拡大を続けている。特に，小型のものは自動車や工場のロボット，パソコン等情報関連機器，複写機などのOA機器，オーディオ，ビデオ，エアコン，冷蔵庫，洗濯機，掃除機等の家庭電器製品，カメラ，パチンコなどの遊技用機器にも数多く使用されており，家庭における利用の一例を図 1.22 に示す。きわめて重要な役割を果たしており，今後さらに小型化，高速化され用途を広げていくと考えられる。

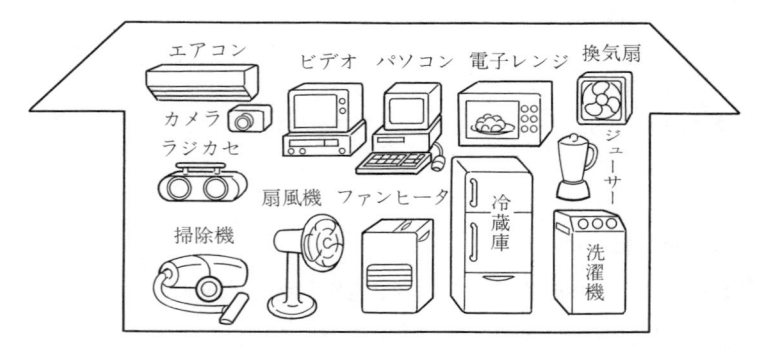

図 1.22 家庭におけるモータの活躍

と，機械的な強度を有することなどが必要とされる。また，機器を運転すると巻線中でジュール損，鉄心中で鉄損を生じて熱に変換され，絶縁材料の温度は上昇するから温度が上昇しても絶縁耐力が劣化しないことが重要である。このため許容温度により**表 1.1**のように分類され，Y，A種としては絶縁紙，綿布等，E種としては各種合成樹脂等，B-H種としてはマイカ，石綿，ガラス繊維等が使用されている。機器の出力を増加すると電流が増加してジュール熱により温度は上昇し，規定温度を超えて使用すると絶縁耐力は劣化し，機器破損の原因となる。これが電気機器を取り扱う上で他の機械装置の場合と大きく異なる点であり，機器出力は温度上昇で制限されることになる。したがって，同一出力の機器では耐熱特性の優れた絶縁材料を用いることにより，機器は小型軽量化され，例えばE種からF種にすると機器質量は30％程度軽減される。

表 **1.1** 絶縁材料の許容温度による分類（JIS C 4003-2010）

Y種	A種	E種	B種	F種	H種	200	220	250	
90	105	120	130	155	180	200	220	250	単位種〔℃〕

演 習 問 題

【1】 問図 **1.1** のような断面積 $S = 10\,\mathrm{cm}^2$，平均磁気回路の長さ $L = 40\,\mathrm{cm}$ の鉄心に巻数 $w = 100$ 回の巻線を施し，$I = 1.5\,\mathrm{A}$ の直流電流を流した。ギャップの長さを $L_g = 0.1\,\mathrm{mm}$ としてギャップにおける磁束密度 B を求めよ。ただし，鉄心の透磁率を $\mu = 0.02\,\mathrm{H/m}$，鉄心の占積率を $fi = 1$，ギャップ部

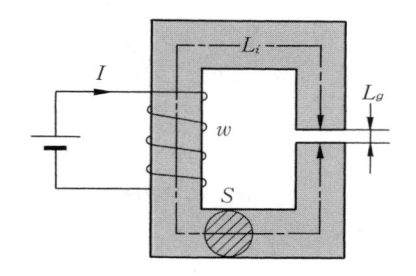

問図 **1.1** 直列磁気回路

分の透磁率を $\mu_0 = 4\pi \times 10^{-7}\,\mathrm{H/m}$ とする。ただし，占積率とは鉄心の見かけの面積に占める鉄の割合である。

【2】 問図 1.2 のような $a = 2\,\mathrm{cm}$，$b = 3\,\mathrm{cm}$，$c = 8\,\mathrm{cm}$，$d = 5\,\mathrm{cm}$ の鉄心の中央脚部分に巻数 $w = 100$ 回の巻線を施し $I = 0.24\,\mathrm{A}$ の直流電流を流した場合，鉄心中央脚部分の磁束密度 B を求めよ。ただし，鉄心の透磁率を $\mu = 0.02\,\mathrm{H/m}$ としギャップはなく，占積率（鉄心の見かけの面積に占める鉄の割合）は $fi = 1$ とする。

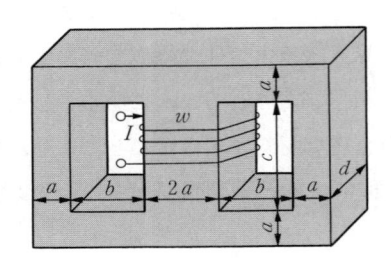

問図 1.2 並列磁気回路

【3】 磁束密度 $B = 0.4\,\mathrm{T}$ の磁界中におかれた長さ $L = 2\,\mathrm{m}$ の導体について以下の問いに答えよ。ただし，導体自身の抵抗を $r = 0.2\,\Omega$ とする。

(1) 問図 $1.3(a)$ のように導体を速度 v で磁界と直角方向に運動させ，導体の両端に接続した $R = 3\,\Omega$ の抵抗に $P = 75\,\mathrm{W}$ の電力を供給している。導体の速度 v および加えられている力 F を求めよ。

(2) 図 (b) のように導体の両端に $E = 9\,\mathrm{V}$ の電圧を加え，導体に下向きに $F = 4\,\mathrm{N}$ の力を加えた。導体に流れる電流の大きさ I および導体の速度 v を求めよ。

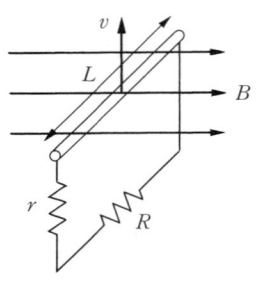

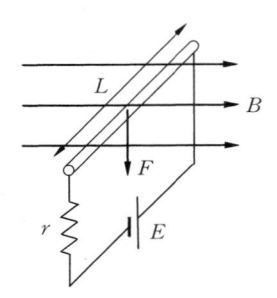

(a) 発電機動作　　　(b) 電動機動作

問図 1.3

【4】 巻線の断面積が $S = 2\,\mathrm{mm}^2$，長さが $L = 50\,\mathrm{m}$ であるとき 70°C における巻線抵抗 R_{70} を求めよ。ただし，材料は銅で抵抗温度係数を $a = 0.00393$ とする。

【5】 最大磁束密度 $B_m = 1.7\,\mathrm{T}$，周波数 $f = 50\,\mathrm{Hz}$ における単位質量当りの鉄損が $1.5\,\mathrm{W/kg}$ の材質を用いて**問図 1.4** のような $a = 2\,\mathrm{cm}$，$b = 3\,\mathrm{cm}$，$c = 8\,\mathrm{cm}$，$d = 5\,\mathrm{cm}$ の鉄心を作成した。最大磁束密度 $Bm = 1.8\,\mathrm{T}$，周波数 $f = 50\,\mathrm{Hz}$ で使用した場合の全鉄損を求めよ。ただし，鉄心の占積率（鉄心の見かけの面積に占める鉄の割合）は $fi = 0.97$ で密度は $7.65\,\mathrm{g/cm}^3$ とする。

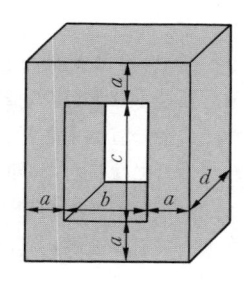

問図 1.4 鉄心寸法

2

直 流 機

　電力が使用され始めた頃は直流であり，発電機，電動機ともに直流機が使用されていた。しかしながら，現在の電力系統では電力の効率的な輸送，配分の点から交流が使用されており，また，大量の直流を必要とする化学工業などの分野でも半導体整流器が使用されるようになったため直流発電機はしだいに使用されなくなっている。しかしながらその基本的動作，特性は交流発電機を学ぶ上で重要である。一方，直流電動機は速度制御が容易で大きな始動トルクが得られるため鉄道などの分野で使用されており，また，自動車などのように電池を電源とする比較的小容量の電動機として広く用いられている。ここでは，このような直流機の原理，構造，特性，運転方法などについて学ぶ。

2.1 直流機の原理

2.1.1 直流発電機の原理

　直流発電機の動作原理を図 *2.1* に示す。磁極 (magnetic pole) N, S の間にコイルをおき，コイルを時計方向に回転させると図(a)のように導体 ab 部分が S 極，cd 部分が N 極側にある $0 \leq \theta < \pi$ の場合には各導体には図のような方向に起電力を生じ，端子 A の電位は正となる。また，コイルが回転し，図(b)のように導体 ab 部分が N 極，cd 部分が S 極側にある $\pi \leq \theta < 2\pi$ の場合には各導体の起電力の方向は図(a)の場合とは逆の方向になり，端子 B の電位が正となる。したがって，端子 A–B 間の誘導起電力波形は図(c)のようになり，交流起電力が得られることになる。これに対し，実際には，回転す

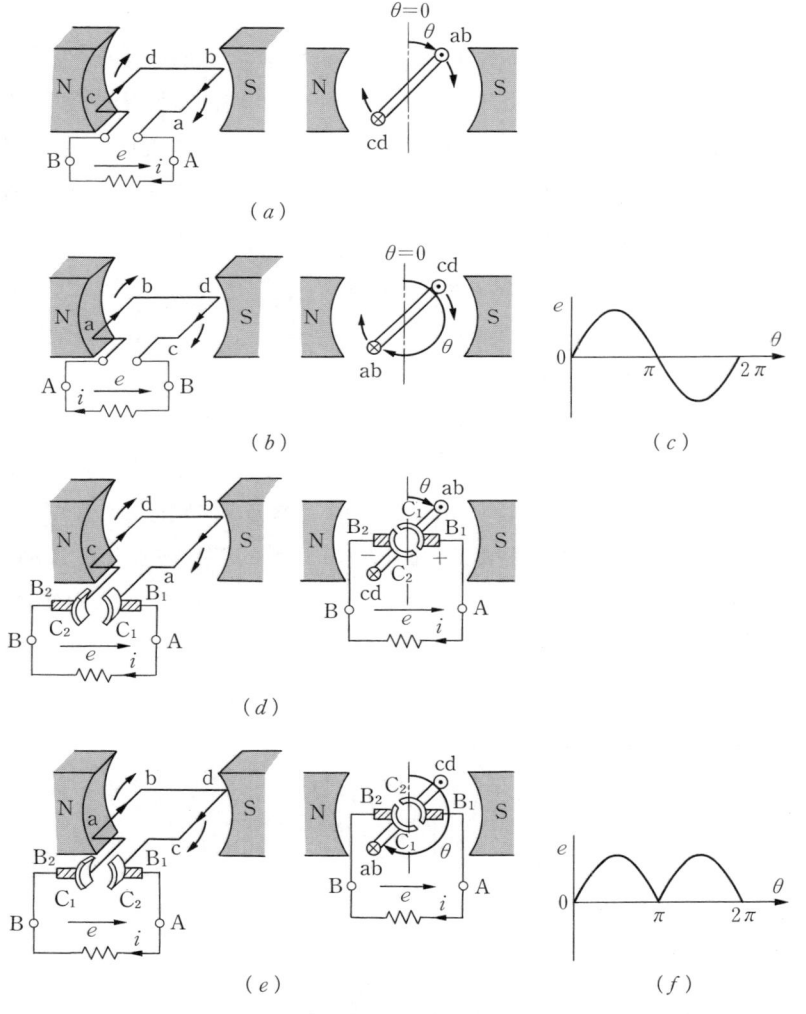

図 2.1 直流発電機の原理

るコイルから電力を得るにはコイル端子に接触して電流を取り出し，同時に，電流方向を一定にして直流とするため図(d), (e)のような構造にする．すなわち，固定子に接触子 B_1, B_2 を設けるとともに，コイル端子を円筒状導体を2個に分割し，たがいに絶縁された導体片 C_1, C_2 に接続する．この場合には，

導体 ab 部分が S 極，cd 部分が N 極側にある $0 \leq \theta < \pi$ の図(d)および導体 ab 部分が N 極，cd 部分が S 極側にある $\pi \leq \theta < 2\pi$ の図(e)のいずれにおいても，接触子 B_1 の電位が正となって，接触子 B_1-B_2 間の誘導起電力波形は図(f)のようになり，電流はつねに A から B の一定方向に流れ，直流発電機となる。このように，固定子側に設けられた接触子 B_1，B_2 を**ブラシ**（brush），電流方向を一定とするための分割された円筒状導体を**整流子**（commutator），導体片 C_1，C_2 を**整流子片**という。

2.1.2 直流電動機の原理

直流電動機の動作原理を**図 2.2** に示す。磁極間におかれたコイルに図のような電流を流すと，図(a)のように導体 ab 部分が S 極，cd 部分が N 極側にある $0 \leq \theta < \pi$ の場合には各導体には図のような方向に電磁力を生じ，時計方向に回転する。コイルが回転し，図(b)のように導体 ab 部分が N 極，cd 部分が S 極側にある $\pi \leq \theta < 2\pi$ の場合には各導体の電磁力の方向は図(a)の場合とは逆の方向になり，回転方向は反時計方向で，一定方向に回転を続け

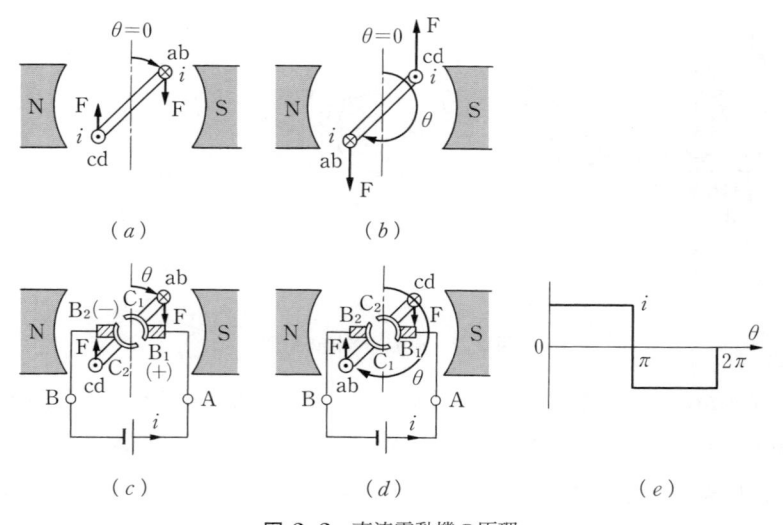

図 2.2 直流電動機の原理

ることができない．したがって，一定方向に回転を続けるには各導体の電流の方向を導体と磁極の位置に対応して変える必要があることがわかる．そこで，発電機の場合と同様に図(c)のように，固定子に接触子 B_1，B_2 を設けるとともに，コイル端子 A，B を円筒状導体を 2 個に分割し，たがいに絶縁された導体片 C_1，C_2 に接続し，B_1，B_2 間に電源を接続する．この場合には，導体 ab 部分が S 極，cd 部分が N 極側にある $0 \leq \theta < \pi$ の図(c)および導体 ab 部分が N 極，cd 部分が S 極側にある $\pi \leq \theta < 2\pi$ の図(d)の場合とでは導体 ab および cd の電流の方向は逆で，電流波形は図(e)のようになり，一定方向に回転を続け，電動機となる．

2.2 直流機の構造

2.2.1 直流機の基本構成

2.1 節の直流機の原理でも述べたように直流発電機および電動機の基本的な構造は同じであり，固定子の主要部分は界磁とブラシ，回転子の主要部分は電機子と整流子からなり，これらを図 2.3 に示す．

電機子（armature）は発電機では起電力，電動機では電磁力を発生させる

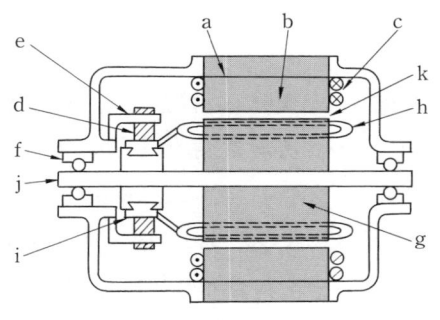

固定子　界磁（a 継鉄，b 磁極，c 巻線）
　　　　d ブラシ，e ブラシ保持器
　　　　f 軸受け

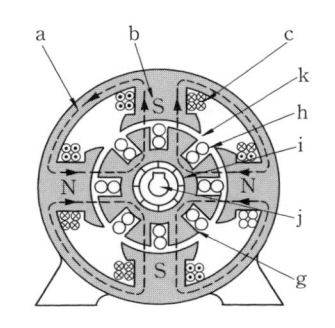

回転子　電機子（g 鉄心，h 巻線）
　　　　i 整流子
　　　　j 軸
　　　　k ギャップ

図 2.3　直流機の構造

部分に相当し，巻線と鉄心からなる。巻線は小電流では断面が円形の銅線（丸線），電流が大きいものでは断面が長方形の銅線（平角線）が用いられる。回転時に遠心力により巻線が飛び出さないようにバインド線で固定される。鉄心は，回転子側の磁束の通路となる部分で，回転に伴って磁束の方向が変化し鉄損を生ずることになるから，これを軽減するため厚さ $0.3\,\mathrm{mm}$ から $0.5\,\mathrm{mm}$ のけい素鋼板を軸方向に積み重ねた**成層鉄心**（laminated core）とする。なお，周辺には巻線を収めるための溝（**スロット**（slot））が設けられ，スロットとスロットの間を歯と呼ぶ。

整流子はブラシと接触し電機子巻線と外部回路を接続するとともに電流の方向を切り替えるもので，くさび形断面の銅でできた整流子片と整流子間を絶縁するためのマイカを交互に重ねて円筒状にしたものが使用される。

界磁（field）は磁束を発生させる部分で，巻線，**磁極**（pole），**継鉄**（yoke）からなる。巻線は電流を流して起磁力を生ずるためのもので小電流では丸線，電流が大きいものでは平角線が用いられる。磁極は磁束の通路となり，電機子に近い部分では歯とスロットが交互に移動することにより磁束が変化して損失を生ずるので，これを軽減するため厚さ $0.8\,\mathrm{mm}$ から $1.6\,\mathrm{mm}$ の鋼板を軸方向に積み重ねた成層鉄心とする。継鉄は磁極ともに固定子側の磁束の通路となるとともに，機器の外枠となって磁極や巻線を支持する役目もし，鋳鉄製のものなどが使用される。

ブラシは整流子に接触し，整流子に接続された電機子巻線を外部回路に接続するためのもので，固定子に取り付けたブラシ保持器で支持される。なお，整流子を損傷させないことが必要であるため，黒鉛質のものなどが使用される。

以上のことから直流機の磁気回路は**図 2.4** のようになり，磁束は磁極，ギャップ（磁極と電機子鉄心間の隙間を呼び，一般に数 mm 程度），電機子鉄心，ギャップ，磁極，継鉄の各部を通ることになる。

```
┌─ 磁極（N極）── ギャップ ── 電機子鉄心 ─┐
└─── 継鉄 ── 磁極（S極）── ギャップ ────┘
```

図 2.4 直流機の磁気回路

2.2.2 電機子巻線

ここでは電機子巻線の構成について述べる。ただし，電機子に配置された全コイルを一まとめにしたものを巻線と呼ぶ。電機子コイルを**図 2.5** に示す。起電力または電磁力の発生に関係する部分をコイル辺と呼ぶ。1 個のコイルは 2 個のコイル辺を有し，コイル辺間距離は磁極間距離すなわち**極ピッチ**（pole pitch）に等しくなる。電機子鉄心へのコイルの配置方法を**図 2.6** に示す。コイル辺を納める部分をスロット，スロットとスロットの間を歯と呼び，実際の機器ではコイルの製作および配置を容易にするために 1 個のスロットに上下 2 個のコイル辺を収めた**二層巻**（double layer winding）が使用される。

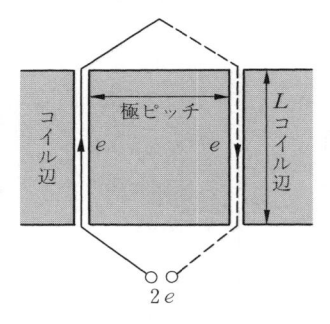

図 2.5　電機子コイル

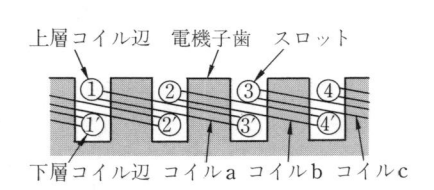

図 2.6　2 層巻

極数が 2，電機子の全スロット数が 4，コイル数が 4 の場合の電機子巻線を**図 2.7** に示す。図 (a) の電機子巻線を展開して表したものが図 (b) であり，実線は上側のコイル辺を，破線は下側のコイル辺を示す。図 (a) においてコイル a の上側はスロット 1 にあり，これをコイル辺 1，コイル a の下側はスロット 3 にあり，これをコイル辺 3′ とする。また，コイル b の上側はスロット 2 にあり，これをコイル辺 2，コイル b の下側はスロット 4 にあり，これをコイル辺 4′ とする。これらの各コイル辺，整流子片，ブラシ等の接続状態を図 (c) に示す。ブラシ B_1 は整流子片 C_1 に接触し，整流子片 C_1 には 1 と 2′ の 2 個のコイル辺が接続されている。コイル辺 1 はコイル辺 3′—整流子片 C_2—コイル辺 2—コイル辺 4′ を通って整流子片 C_3 に接続される。一方，コイル辺

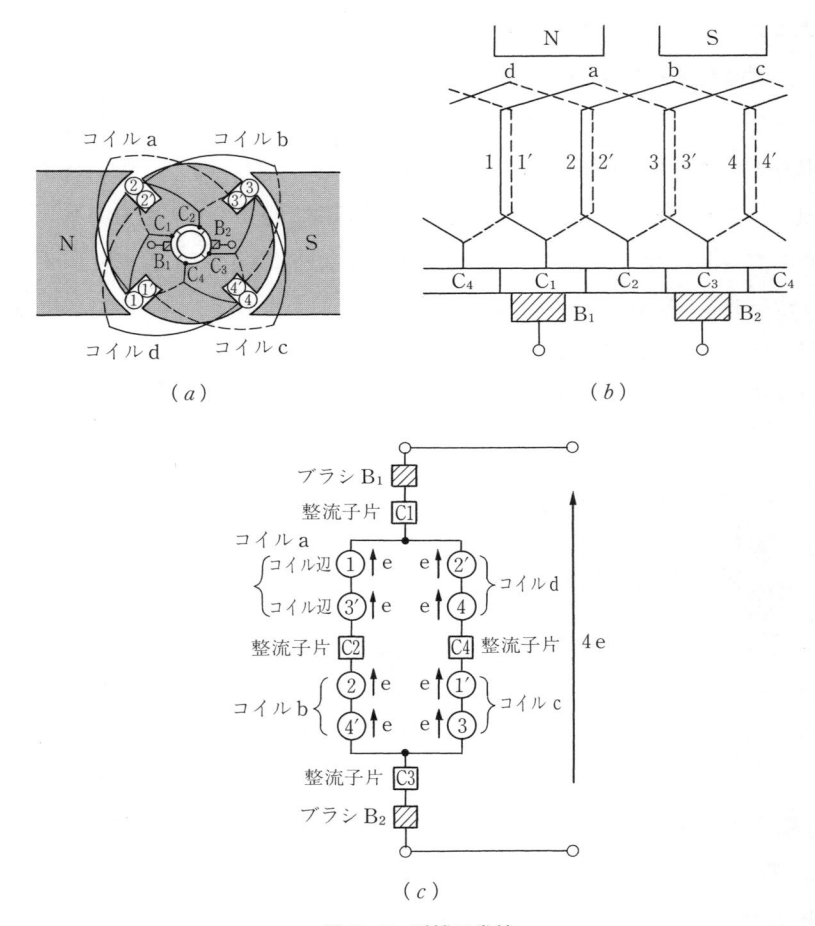

図 2.7 電機子巻線

2′はコイル辺4—整流子片 C_4—コイル辺1′—コイル辺3を通って整流子片 C_3 に接続され，整流子片 C_3 はブラシ B_2 に接触している。すなわち，4個のコイル辺を直列に接続したものが2個並列となり，整流子片 C_1，C_3 からブラシ B_1，B_2 を通して外部回路に接続されていることになる。

極数が4の場合の電機子巻線の一例を**図 2.8** に示す。図(a)，(c)，(e) は**重ね巻**（lap winding）の場合で，図(a)の電機子巻線の展開図は図(c)，各コイル辺の接続状態は図(e)のようになる。すなわち，コイルaからすぐ

2.2 直流機の構造   27

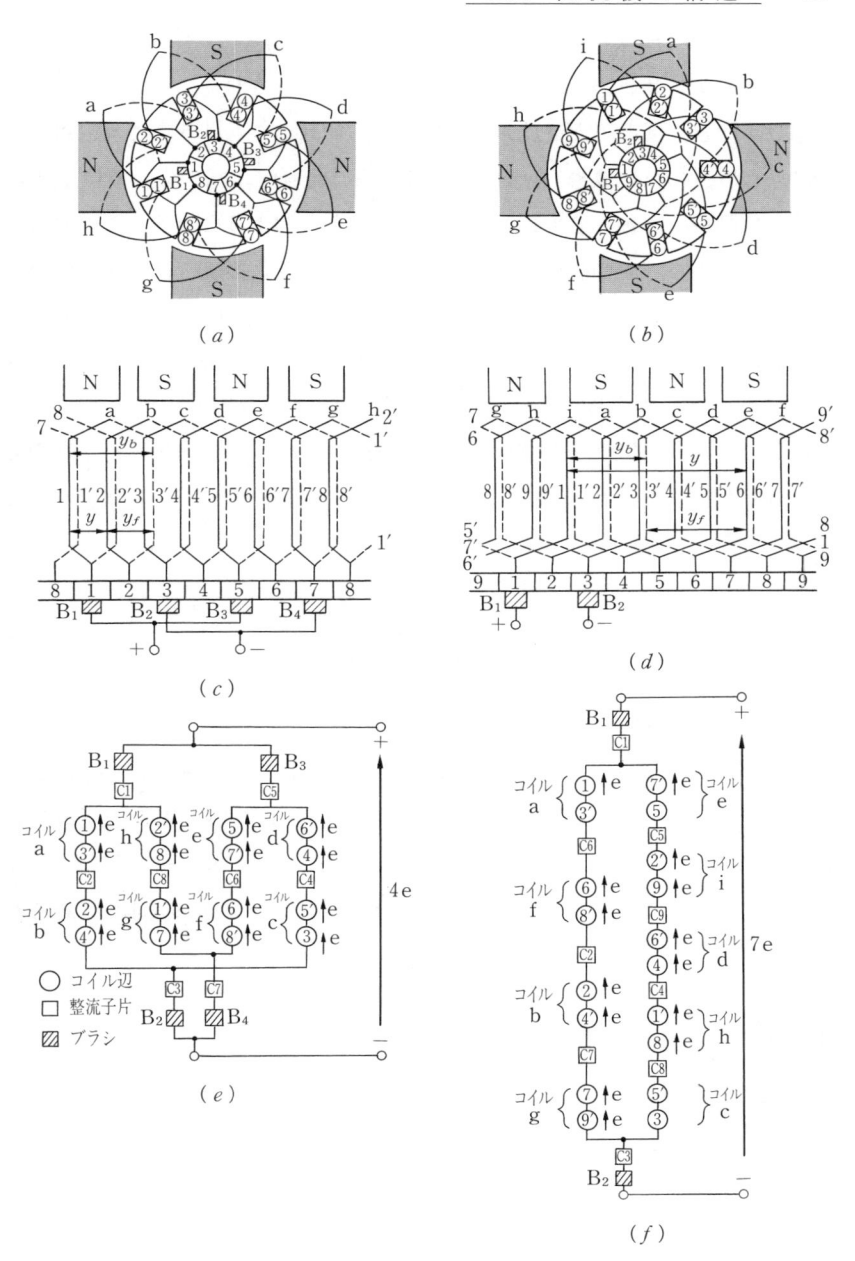

図 2.8 重ね巻と波巻

隣のコイルbへと順次接続され，この巻線方式では4個のコイル辺を直列に接続したものが4個並列となって外部回路に接続されており，極数に等しい並列回路数ができ，低電圧大電流の場合に適し，並列巻ともいう。これに対し，図(b)，(d)，(f)は**波巻**（wave winding）の場合で，図(b)の電機子巻線の展開図は図(d)，各コイル辺の接続状態は図(f)のようになる。この場合には，コイルaからつぎの磁極のところにあるコイルfに接続された後，隣のコイルbに接続され，これを繰り返して一つの閉回路を作り，並列回路数は極数に無関係につねに2個となるため高電圧小電流のものが必要な場合に使用される。なお，コイルを巻く場合のコイル辺の間隔を巻線ピッチと呼び，図(c)，(d)のように整流子側で測ったものを後ピッチ y_b，整流子と反対側で測ったものを前ピッチ y_f と呼び，コイルの間隔を合成ピッチ y と呼び，重ね巻では $y = y_b - y_f$，波巻では $y = y_b + y_f$ の関係がある。

2.3 直流機の理論

2.3.1 誘導起電力

図 2.9 のように，ギャップの磁束密度を B [T] とし，軸方向長さが L [m]，直径が D [m] の電機子が回転数 n [rps] で回転している場合の誘導起電力について考える。導体の周辺速度 v [m/s] とすると1本の誘導起電力は $e = vBL$ [V] であり，回転数と周辺速度との間には $v = \pi Dn$ の関係があるか

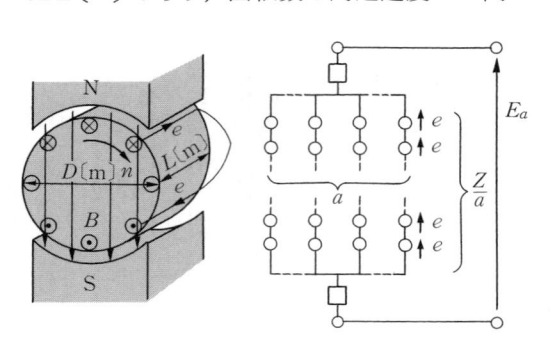

図 2.9 電機子誘導起電力

ら次式が得られる。

$$e = \pi DnBL \quad [\text{V}] \tag{2.1}$$

極数を p，一極当りの磁束を $\varPhi$ とすると電機子周辺の全磁束は $p\varPhi = \pi DLB$ であり，次式が成り立つ。

$$B = \frac{p\varPhi}{\pi DL} \quad [\text{T}] \tag{2.2}$$

したがって，誘導起電力は次式となる。

$$e = p\varPhi n \quad [\text{V}] \tag{2.3}$$

コイル数を m，1個のコイルの巻数を w とすると電機子の全導体数は $Z = 2mw$ であり，並列回路数を a とすると Z/a 個の導体が直列に接続されるから，端子間の誘導起電力 E_a は次式となる。

$$E_a = \frac{eZ}{a} = \frac{Zp\varPhi n}{a} \quad [\text{V}] \tag{2.4}$$

ここで角速度を ω [rad/s] とすると $\omega = 2\pi n$ であり次式が得られる。

$$E_a = K\varPhi\omega \quad [\text{V}] \qquad K = \frac{Zp}{2\pi a} \tag{2.5}$$

すなわち，端子間の誘導起電力は磁束および回転数により変化し，これらに比例することがわかる。

2.3.2 トルク

図 **2.10** のように，ギャップの磁束密度の平均値を B [T] とし，軸方向長さが L [m]，直径が D [m] の電機子に巻数が w のコイルを m 個施した場合の

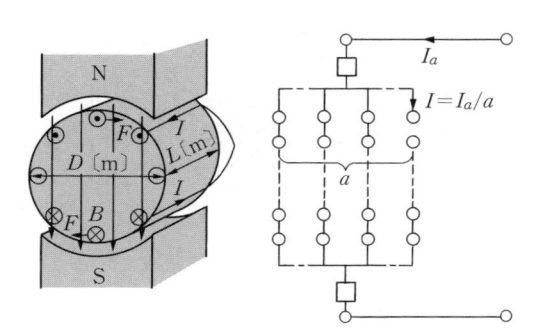

図 **2.10** 電機子トルク

電機子に生ずる**トルク**（torque）T を求める。端子から流入する電流を I_a，並列回路数を a とすると導体1本に流れる電流は $I = I_a/a$ となり，導体1本に生ずる電磁力 F は次式となる。

$$F = \frac{BLI_a}{a} \quad [\text{N}] \tag{2.6}$$

ここで式 (2.2) より $B = p\Phi/\pi DL$ であり次式が得られる。

$$F = \frac{p\Phi I_a}{\pi Da} \quad [\text{N}] \tag{2.7}$$

巻数が w のコイルを m 個施した場合の電機子全導体数は $Z = 2mw$，電機子に働く全トルク T は $T = FZD/2$ であることより次式が成り立つ。

$$T = K\Phi I_a \quad [\text{N·m}] \qquad K = \frac{Zp}{2\pi a} \tag{2.8}$$

すなわち，トルクは磁束および電機子電流に比例することがわかる。

なお，トルクの単位として kg·m を用いた場合には次式となる。

$$T = \frac{K\Phi I_a}{9.8} \quad [\text{kg·m}] \tag{2.9}$$

2.3.3 直流機の回路表現と基本式

電気機器の性質を調べる場合，これを回路で表すと便利である。直流機は界磁回路と電機子回路を有し，界磁回路の端子電圧を V_f，全抵抗を R_f，電流を I_f，電機子回路の端子電圧を V_a，巻線抵抗を R_a，電流を I_a とすると等価回路は図 **2.11** のようになる。図(a)は電動機の場合である。界磁回路につい

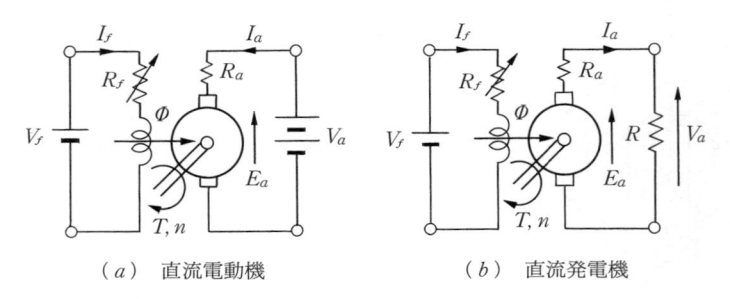

（a） 直流電動機 　　　　　　　　（b） 直流発電機

図 **2.11**　直流機の等価回路

ては次式が成り立つ。

$$V_f = R_f I_f \ [\mathrm{V}] \tag{2.10}$$

　また，磁気回路の飽和現象を無視すれば界磁電流と磁束 Φ の間には次式が成り立つ。

$$\Phi = k I_f \ [\mathrm{Wb}] \tag{2.11}$$

電機子回路には次式が成り立つ。

$$V_a = E_a + R_a I_a \ [\mathrm{V}] \tag{2.12}$$

この両辺に I_a を乗ずる次式が得られる。

$$V_a I_a = E_a I_a + R_a I_a^2 \ [\mathrm{W}] \tag{2.13}$$

ここで，$E_a = K\Phi\omega$ であることより次式が成り立つ。

$$V_a I_a = K\Phi\omega I_a + R_a I_a^2 \ [\mathrm{W}] \tag{2.14}$$

$T = K\Phi I_a$ であるから次式が得られる。

$$V_a I_a = \omega T + R_a I_a^2 \ [\mathrm{W}] \tag{2.15}$$

すなわち，電機子回路に供給された電気エネルギー $V_a I_a$ は機械エネルギー ωT と巻線抵抗における熱エネルギー $R_a I_a^2$ に変換されたことになる。

　図(b)は発電機の場合である。界磁回路については電動機の場合と同じであるが，電機子電流の方向は電動機の場合とは逆になり，電機子回路には次式が成り立つ。

$$E_a = V_a + R_a I_a \ [\mathrm{V}] \tag{2.16}$$

　式（2.16）の両辺に I_a をかけると次式が得られ，電機子に供給された機械エネルギー ωT は負荷に供給される電気エネルギー $V_a I_a$ と巻線抵抗における熱エネルギー $R_a I_a^2$ に変換されたことになる。

$$E_a I_a = \omega T = V_a I_a + R_a I_a^2 \ [\mathrm{W}] \tag{2.17}$$

2.3.4　電機子反作用

　これまでは，磁界は磁極により作られた磁束のみを取り扱ってきた。しかしながら実際には，直流機に負荷がかかると電機子巻線に電流が流れるため，その起磁力により全磁束は変化する。このような現象は**電機子反作用**（armature reaction）と呼ばれ，ここでは，その影響について述べる。

電機子周辺の磁束分布を図 **2.12** に示す。無負荷で，電機子巻線に電流が流れていない場合の電機子周辺の磁束分布（主磁束分布）は図(a)のようになる。すなわち，界磁巻線の巻数を w，電流を I_f とすると起磁力の大きさはどの位置でも $w \cdot I_f$ で一定となり，電機子から出る方向（S 極側）を正方向に，

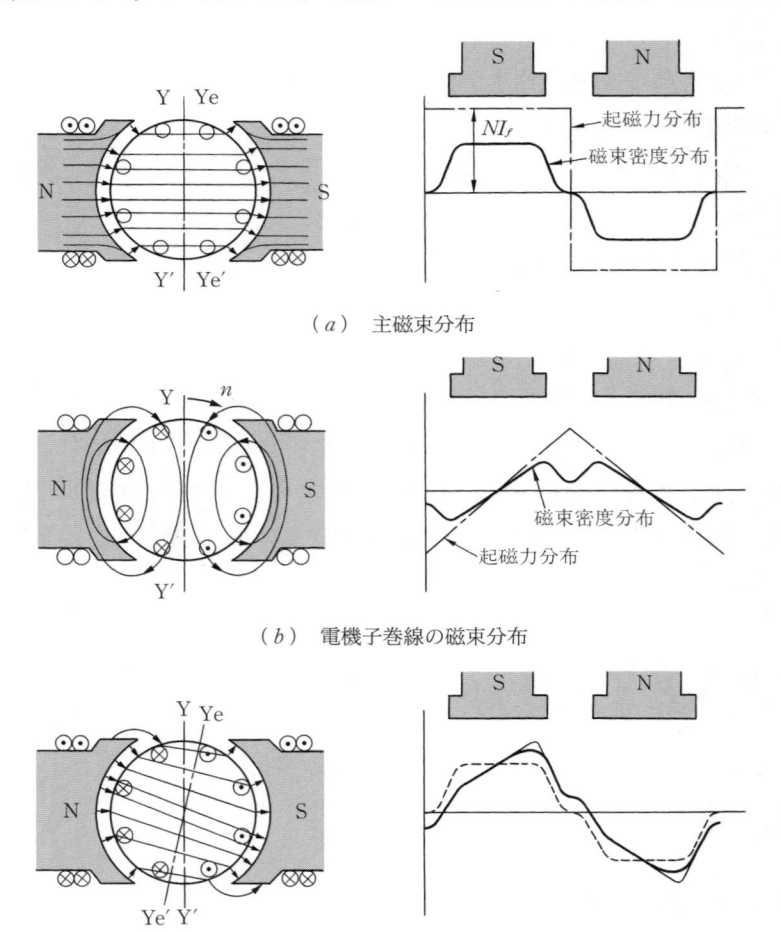

（a）　主磁束分布

（b）　電機子巻線の磁束分布

（c）　負荷時合成磁束分布

図 **2.12**　電機子磁束分布（発電機の場合）

電機子に向かって入る方向（N極側）を負方向にとって表すと一点鎖線のようになる。これに対し，磁気回路は磁極—ギャップ—電機子—ギャップ—磁極—継鉄から成り立っており，磁極の下では磁気抵抗はほぼギャップ間隔で決まり，一定であり，磁極間では磁気抵抗が大きいため，磁束分布は，実線のような台形波に近いものとなる。なお，磁束が0となる位置（**電気的中性軸** (electrical neutral axis) Ye-Ye′）は，磁極の中間（幾何学的中性軸 Y-Y′）の位置と一致する。

　電機子を時計方向に回転させた場合の電機子巻線の電流およびこれによる磁束分布は図(b)のようになる。すなわち，起磁力分布は一点鎖線のように磁極の中央部分で0，磁極の間で最大の三角波となり，磁束は磁極の下では起磁力に比例し，磁極の間では磁気抵抗が大きいため減少し，実線のようになる。

　負荷時の磁束分布は図(a)と図(b)を合成することにより得られ図(c)のようになり，磁極の下の磁束分布は一定ではなくなっていわゆる偏磁作用を生じ，電気的中性軸 Ye-Ye′は幾何学的中性軸 Y-Y′より回転方向に進んだ位置に移動する。電気的中性軸の移動はブラシで短絡されるコイルに起電力を誘導して火花を生じ，整流を悪化させる。偏磁作用は起電力の不均一を生じ，磁束密度が高いところを通る導体の起電力が大きくなって整流子片間電圧を上昇させ，火花を生じてブラシ間短絡を起こす原因となる。また，磁気飽和現象がない時には一極当りの磁束の平均値は変化しないが，実際には飽和現象のため減少部分に比べ増加部分の割合が少なくなり図(c)の太線のようになるため磁束の平均値は減少し，したがって誘導起電力は減少する。このように電機子電流が磁極の磁束分布を変化させることを電機子反作用と呼び，おもな影響をまとめるとつぎのようになる。

（1）　電気的中性軸の移動による整流の悪化
（2）　起電力の不均一による整流子片間電圧の上昇
（3）　主磁束の減少による起電力の減少

　このように電機子反作用は直流機の動作に各種の影響を与えるから，これに対する対策が必要となる。図 **2.13** のように界磁鉄心の表面にスロットを設

34　2. 直流機

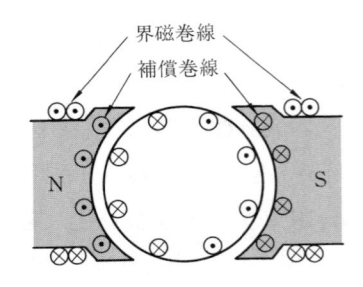

図2.13　補償巻線

けて巻線を施し，電機子巻線と直列に接続して電機子と反対の電流を流すことにより電機子起磁力を打ち消すことができ，これを**補償巻線**（compensating winding）と呼ぶ。

2.3.5　整　　流

〔1〕**整流作用**　　直流電動機で電機子巻線の電流の方向を切り替えて一定方向のトルクを発生させること，および発電機で電機子巻線から外部に一定方向の電流を取り出すことを**整流**（commutation）と呼ぶ。ここではこの整流作用について述べる。

図 2.7 に示した電機子巻線展開図を用いた発電機の整流作用を図 2.14 に示す。ただし，電機子および整流子の移動方向は右方向とする。図(a)ではブラシ B は整流子片 C_3 だけに接触していてコイル辺 2 と 4′ を通る電流は整流子片 C_3 を通してブラシから流れ出ている。図(b)は電機子が回転（右方向に移動）し，ブラシは整流子片 C_2 と C_3 に接触していてコイル辺 2 と 4′ はブラシで短絡される。図(c)は電機子がさらに回転し，ブラシは整流子片 C_2 だけに接触していてコイル辺 2 と 4′ を通る電流は整流子片 C_2 を通してブラシから流れ出ている。すなわち，コイル辺 2 と 4′ を通る電流の方向は図(a)と図(c)の場合では逆であるのに対し，ブラシの電流の方向は同じであり，整流が行われたことを示している。

〔2〕**整流時間**　　図 2.15 のようにブラシの幅を b [m]，整流子の速度を v [m/s] とするとブラシが整流子片 C_3 だけに接触してから整流子片 C_2 のみに接触するまでの時間 T（図 2.14 でコイル辺 2 と 4′ がブラシで短絡される

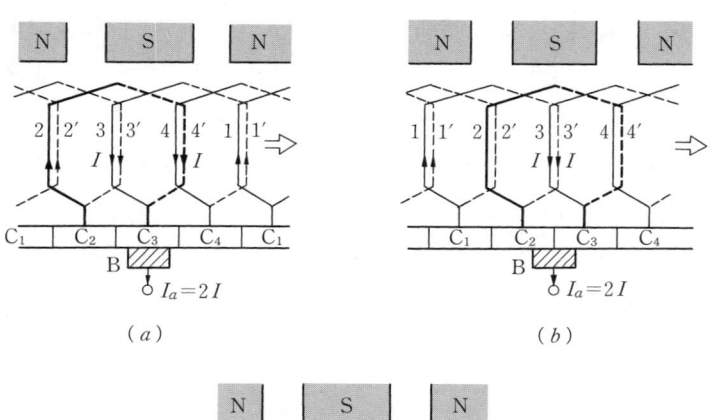

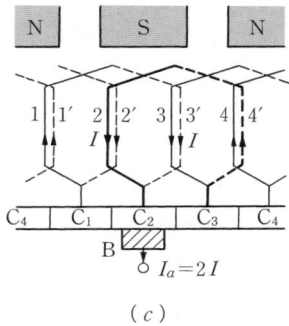

図 2.14 整流作用

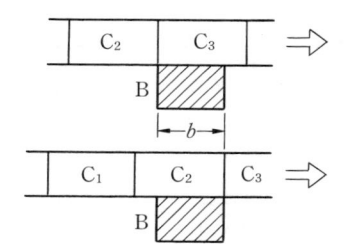

図 2.15 整流時間

時間）は次式となり，これを**整流時間** (commutating period) と呼ぶ。

$$T = b/v \quad [\text{s}] \tag{2.18}$$

直径 D [m]，回転数 $N = 600$ rpm，整流子片数 $k = 100$ 個とすると $b < \pi D/k$ [m]，$v = \pi D \cdot 600/60$ m/s，$T < 0.001$ s となり，きわめて短時間となる。

〔**3**〕 **整 流 曲 線**　　整流時間に電機子コイルの電流 i は図 **2.16** のように $+I$ から $-I$ に変化する。この電流の変化を示す曲線を **整流曲線**（commutating curve）と呼ぶ。電機子コイルの抵抗を r，インダクタンスを L，$t=0$ におけるブラシと整流子片 C_3 の接触抵抗を R_b とする。整流中のコイルの電流は図 **2.17** のようになる。そして時間 t における整流子片 C_3 の電流は $I+i$ でブラシとの接触抵抗は $R_b \cdot T/(T-t)$，整流子片 C_2 の電流は $I-i$ でブラシとの接触抵抗は $R_b \cdot T/t$ であり，次式が成り立つ。

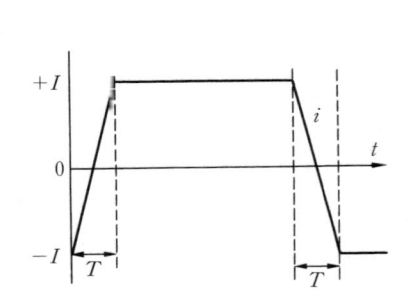

図 2.16　電機子コイルの電流の変化　　**図 2.17**　整流時のコイルの電流

$$L\frac{di}{dt} + ri + R_b\frac{T}{T-t}(I+i) - R_b\frac{T}{t}(I-i) = 0 \qquad (2.19)$$

ブラシと整流子の接触抵抗 R_b が大きく，r，L が無視できるとすると次式が得られ，電流 i は図 **2.18**(a) のように $+I$ から $-I$ まで直線的に変化する。

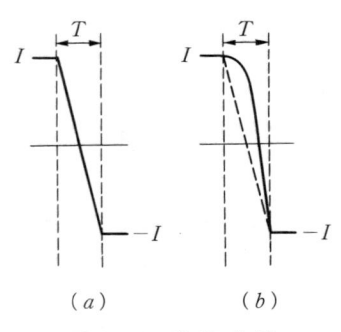

図 2.18　整流曲線

$$i = \frac{I(T - 2t)}{T} \quad [\text{A}] \tag{2.20}$$

しかしながら実際には，インダクタンス L を無視することはできず，この場合インダクタンスは電流の変化を妨げる働きをするから電流の変化には遅れを生じて図(b)のようになる。すなわち電流は，初めは緩やかに変化し，整流が終了する間際に急激な変化をすることになり，このときインダクタンスにより高電圧を発生してブラシと整流子片の間に火花を生ずることになる。

〔**4**〕 **抵抗整流と電圧整流**　火花の発生は整流子やブラシを焼損することになるからこれを防止し，無火花整流とする必要があり，このためにつぎのような方法が用いられる。まず，ブラシの抵抗を大きくすることにより先に述べたように電流の変化を直線的にすることができ，これを**抵抗整流**（resistance commutation）と呼び，電気黒鉛ブラシが用いられる。また，$L \cdot di/dt$ の起電力を打ち消すような起電力を発生させる方法が有効であり，これを**電圧整流**（voltage commutation）と呼ぶ。実際には，**図 2.19** のように磁極間に小磁極を設け，その励磁巻線は電機子巻線と直列に接続して電機子電流に比例した磁束を生じさせ，電圧を発生させる方法が用いられる。この小磁極を**補極**（interpole）と呼び，その極性は発電機では電流の変化を促進させるためつぎにくる磁極と同じものとし，電動機では電機子の誘導起電力と電流は逆方向であるからつぎにくる磁極の逆とする。

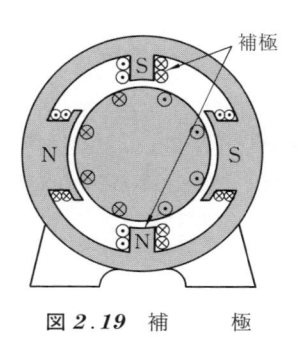

図 **2.19**　補　　極

2.4 直流発電機の種類と特性

2.4.1 直流発電機の種類

直流発電機は磁界の発生方法すなわち励磁方式によりつぎのように分類され，それぞれの等価回路を図 **2.20** に示す。

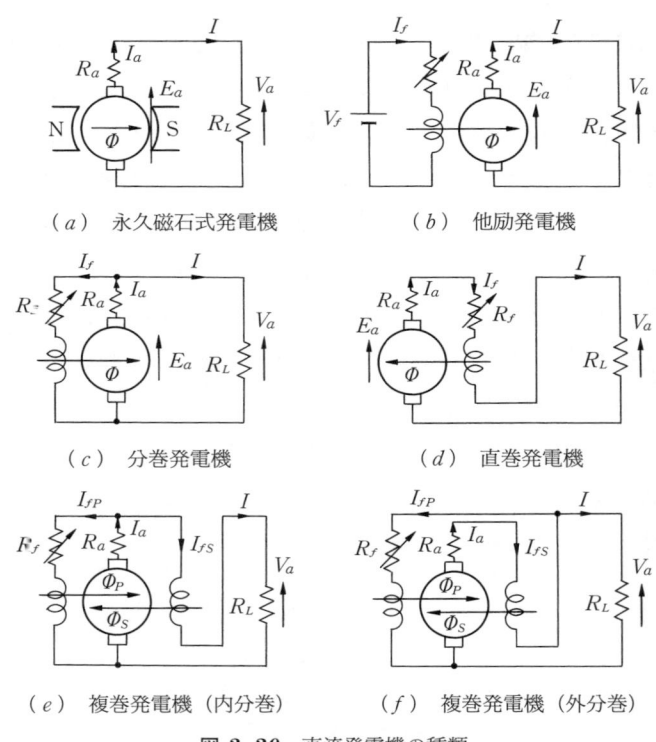

(a) 永久磁石式発電機
(b) 他励発電機
(c) 分巻発電機
(d) 直巻発電機
(e) 複巻発電機（内分巻）
(f) 複巻発電機（外分巻）

図 **2.20** 直流発電機の種類

〔1〕 永久磁石式発電機
〔2〕 他励発電機
〔3〕 自励発電機　　1）分巻発電機
　　　　　　　　　　2）直巻発電機

3） 複巻発電機　a） 和動複巻発電機
b） 差動複巻発電機

〔**1**〕　**永久磁石式発電機**（permanent-magnet dc generator）　図(a)のように界磁として永久磁石を使用するもので，構造は簡単になるが磁束を変化させて誘導起電力を調整することができないため，特殊な小型発電機にのみ用いられる。

〔**2**〕　**他励発電機**（separatly excited generator）　図(b)のように励磁用の直流電源を設けて界磁巻線に電流を流し磁界を発生させるものである。

〔**3**〕　**自励発電機**（self-excited generator）　電機子巻線に発生した起電力により界磁巻線に電流を流して磁界を発生させるもので，図(c)から図(f)のように界磁巻線と電機子巻線の接続方法によりさらにつぎの3種類に分けられる。

1）　**分巻発電機**（shunt generator）　図(c)のように界磁巻線を電機子巻線と並列に接続するものである。

2）　**直巻発電機**（series generator）　図(d)のように界磁巻線を電機子巻線と直列に接続するものである。

3）　**複巻発電機**（compound generator）　電機子巻線に並列の界磁巻線（分巻界磁巻線）と直列の界磁巻線（直巻界磁巻線）をもつもので，図(e)のように分巻界磁巻線と電機子巻線が並列でこれに直列に直巻界磁巻線を接続した内分巻と，図(f)のように直巻界磁巻線と電機子巻線が直列でこれに並列に分巻界磁巻線を接続した外分巻がある。また，両界磁巻線の起磁力が加わるようにしたものを和動複巻発電機，相反するようにしたものを差動複巻発電機と呼ぶ。

2.4.2　定　　　格

一般に電気機器を運転する場合に電圧，電流などについて守らなければならない使用限度があり，これを越えると，特性が悪くなったり温度上昇に伴う寿命の低下さらには機器の焼損などを招く。このため，その機器について，製作

者が保証する使用限度が定められており，これを**定格**（rating）と呼ぶ。直流機では出力の使用限度を**定格出力**（rated output），定格出力における電圧，電流，回転数などを**定格電圧**（rated voltage），**定格電流**（rated current），**定格速度**（rated speed）などという。ここでは，定格値に対しては電圧，電流などの記号に n を付けて表すこととする。

2.4.3 直流発電機の特性

発電機を取り扱う上で知っておかなければならない特有の性質，すなわち発電機特性は誘導起電力 E_a，電機子電流 I_a，界磁電流 I_f，回転数 N，負荷端子電圧 V_a，負荷電流 I などの諸量で表される。これらの関係を表す曲線を特性曲線と呼び，つぎのものが特に重要である。

1）無負荷特性曲線（no-load characteristic curve）　回転数は定格値 N_n で一定とし，無負荷で界磁電流 I_f と端子電圧 V_a との関係を示したもの。

2）外部特性曲線（external characteristic curve）　回転数は定格値 N_n で一定とし，負荷に定格電圧 V_{an} で定格電流 I_n を供給するように界磁電流 I_f を調整した後，負荷のみを変化させた場合の負荷電流 I と負荷端子電圧 V_a の関係を示したもの。

以下各種発電機についてこれらの特性を述べる。

〔1〕**他励発電機の特性**　他励発電機ではつぎの基本式が成り立つ。

$$V_f = R_f I_f, \quad I = I_a$$
$$V_a = E_a - R_a I_a \tag{2.21}$$

これより，諸特性はつぎのようになる。

発電機の誘導起電力 E_a は式（2.5）で表され，無負荷状態では V_a は E_a に等しくなる。I_f を 0 から増加すると I_f が小さい範囲では磁束 Φ はほぼ I_f に比例して増加するため V_a も比例して増加するが I_f が大きいところでは磁気飽和現象のため Φ，したがって V_a の増加の割合は減少し，**図 2.21** の $0a$ のようになる。つぎに I_f を減少した場合には V_a の変化は $a0'$ のようになり，同一の I_f に対し，I_f を増加したときより幾分大きな値となり，I_f を 0 にしても

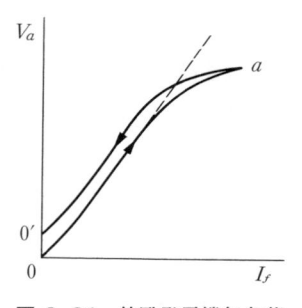

2.4 直流発電機の種類と特性　41

図 2.21 他励発電機無負荷特性曲線

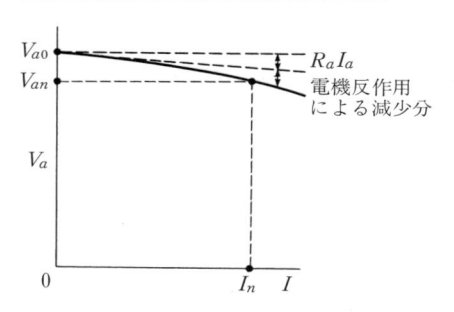

図 2.22 他励発電機外部特性曲線

V_a は 0 にならない。これは，磁気回路のヒステリシス現象によるもので I_f が 0 の場合の磁束を残留磁束，電圧を残留電圧と呼ぶ。

発電機に負荷が接続され電機子電流が流れると，電機子回路の抵抗 R_a（巻線抵抗，ブラシ抵抗，ブラシ接触抵抗などが含まれる）で電圧降下 $R_a I_a$ を生じ，また，電機子反作用で起電力は減少する。このため負荷電流の増加とともに電機子端子電圧 V_a は幾分減少し，外部特性は**図 2.22** のようになる。定格速度，定格負荷電流で端子電圧が定格値 V_{an} になるように界磁電流を調整した後，回転数，界磁電流は一定で無負荷にしたときの端子電圧を V_{a0} とすると，次式で表される電機子端子電圧 V_a の変化の割合を**電圧変動率**（voltage regulation）と呼ぶ。

$$\varepsilon = \frac{V_{a0} - V_{an}}{V_{an}} \times 100 \quad [\%] \tag{2.22}$$

他励発電機は電圧変動率が比較的小さく，広範囲に端子電圧を変化できるため安定に広範囲の電圧調整を必要とする用途に適する。

〔2〕　**分巻発電機の特性**　　分巻発電機ではつぎの基本式が成り立つ。

$$V_a = R_f I_f, \quad I_a = I + I_f$$
$$V_a = E_a - R_a I_a \tag{2.23}$$

これより，諸特性はつぎのようになる。

無負荷状態では $I = 0$，$I_a = I_f$ であり，界磁電流と電機子端子電圧の関係

は図 **2.23** のようになる。ただし，図において $0'-a$ は分巻発電機を他励発電機とした場合の無負荷飽和曲線から I_f により電機子回路で生ずる電圧降下分を差し引いたものである。また，直線 0-b は I_f と V_a の関係を表しており，その傾きを θ とすると次式の関係があり，界磁抵抗線と呼ばれる。

$$\tan\theta = V_a/I_f = R_f \tag{2.24}$$

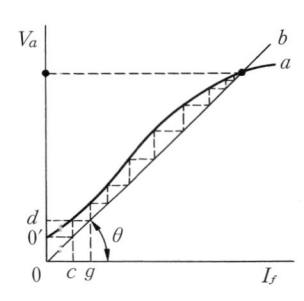

図 **2.23**　分巻発電機の電圧の確立

すなわち，初め残留磁気による電圧 0-$0'$ で界磁巻線に 0-c の電流が流れ，これにより起電力が 0-d に増加し，界磁電流はさらに 0-g に増加する。これを繰り返して電機子端子電圧は上昇し，最終的に電機子端子電圧は $0'$-a と 0-b の交点に相当する大きさになる。これを**自己励磁**（self-exitation）による電圧の確立と呼ぶ。したがって，図 **2.24** のように界磁抵抗 R_f を R_{f1}，R_{f2}，R_{f3} のように減少させることにより電機子端子電圧は A—B—C と変化し，分巻発電機の無負荷特性曲線は他励発電機の場合とほぼ同じようになる。なお，

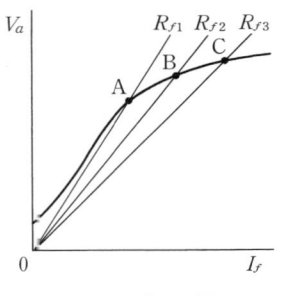

図 **2.24**　分巻発電機の無負荷特性曲線

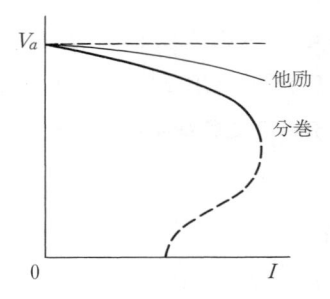

図 **2.25**　分巻発電機外部特性曲線

分巻発電機では，残留電圧がない場合や電機子巻線と界磁巻線の接続が適当ではなく，界磁巻線の磁束が残留磁束を打ち消すような場合，また，接続が適当でも回転方向を逆にした場合には起電力は得られない。

図2.25に外部特性を示す。発電機に負荷が接続され電機子電流が流れると，電機子回路の抵抗R_aでの電圧降下および電機子反作用のため端子電圧は低下する。そして，端子電圧の低下は界磁電流の減少を招くため，端子電圧はさらに減少し，負荷抵抗を小さくして負荷電流を増すほどこの傾向は顕著となり，ついには負荷抵抗を減少すると負荷電流は減少し，点線で示したような不安定な領域となる。

このように分巻発電機では他励発電機に比べ負荷電流に対する端子電圧の減少の割合は大きくなり，電圧変動率は大きくなるが，励磁用電源を必要とせず，界磁抵抗によりある程度の範囲の端子電圧の調整もできるため一般的に広く用いられる。

〔3〕 **直巻発電機の特性** 直巻発電機ではつぎの基本式が成り立つ。

$$I = I_a = I_f$$
$$V_a = E_a - R_aI - R_fI \tag{2.25}$$

したがって，直巻発電機では無負荷状態では$I = I_f = 0$であり，電圧は確立せず無負荷特性曲線は存在しないことになる。負荷を接続すると界磁電流が流れ電圧は確立する。外部特性を**図2.26**に示す。図において$0'\text{-}a$は直巻発電機を他励発電機とした場合の無負荷特性曲線，$0\text{-}b$は負荷抵抗をR_Lとして$(R_L + R_a + R_f)I$を表す直線であり，その交点の電圧ABは負荷電流Iにおける誘導起電力E_aに相当する。また，$0\text{-}c$は$(R_a + R_f)I$を表す直線であり$CB = AB - AC = E_a - R_aI - R_fI = V_a$となるから，$AB$上にAD=CBとなる点Dをとり，任意の$I$についても同様にして得られる各点を結ぶことにより外部特性曲線$0'$DFが得られる。

以上のように，直巻発電機では負荷抵抗が決まると端子電圧が定まり，負荷により端子電圧は著しく変化するため，一般には直流電源として使用されない。

44 　2. 直　流　機

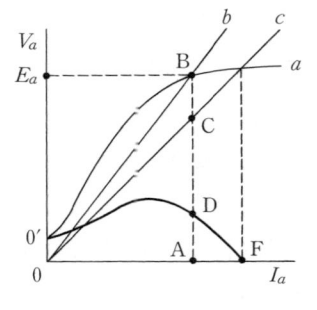

図 2.26　直巻発電機の
　　　　外部特性曲線

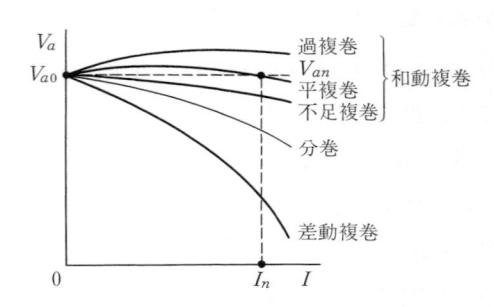

図 2.27　複巻発電機の外部特性曲線

〔4〕 **複巻発電機の特性**　　複巻発電機の外部特性を分巻発電機の特性と比較して図 2.27 に示す。分巻発電機では負荷が接続され電機子電流が流れると，電機子回路の抵抗での電圧降下，電機子反作用などのため端子電圧は低下する。これに対し，直巻界磁巻線と分巻界磁巻線の起磁力が加わるように巻線を施した和動複巻発電機では直巻界磁巻線の起磁力によって分巻発電機の場合より端子電圧の低下を少なくすることができる。特に，定格電流時の電圧が無負荷時の電圧と等しくなるようにしたものを平複巻，無負荷時の電圧より大きいものを過複巻，無負荷時の電圧より小さいものを不足複巻と呼び，平複巻は負荷に関係なく一定電圧を得る場合に使用される。

　直巻界磁巻線と分巻界磁巻線の起磁力が相反するように巻線を施した差動複巻発電機では負荷電流の増加とともに端子電圧は著しく低下する。このような特性は垂下特性と呼ばれ，一定電流を得る場合に使用される。

2.5　直流電動機の種類と特性

2.5.1　直流電動機の種類

　直流電動機を励磁方式により分類するとつぎのようになり，等価回路を図 2.28 に示す。

〔1〕 **永久磁石式電動機** (permanent-magnet dc motor)　　図 (a) のよう

2.5 直流電動機の種類と特性

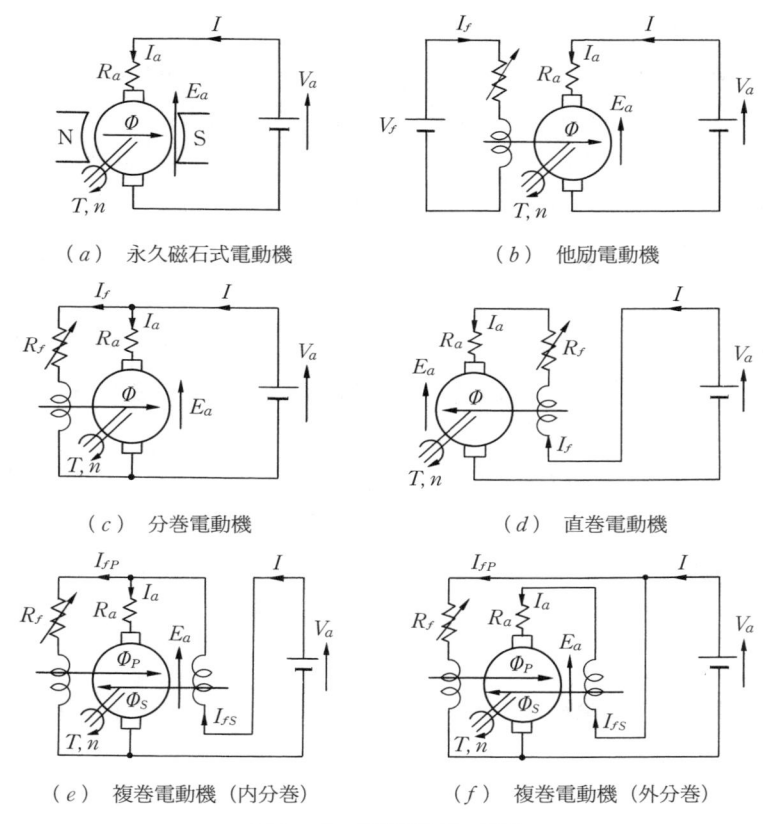

(a) 永久磁石式電動機

(b) 他励電動機

(c) 分巻電動機

(d) 直巻電動機

(e) 複巻電動機（内分巻）

(f) 複巻電動機（外分巻）

図 2.28 直流電動機の種類

に界磁として永久磁石を使用するもので，構造が簡単になるため，小型の場合に用いられる．

〔2〕 **他励電動機**（separatly-excited motor）　図(b)のように界磁巻線を電機子巻線とは別の電源で励磁して運転するものである．

〔3〕 **自励電動機**（self-excited motor）　電機子巻線に発生した起電力により界磁巻線に電流を流して磁界を発生させるものでつぎの3種類に分けられる．

1）分巻電動機（shunt motor）　図(c)のように界磁巻線を電機子巻線

と並列に接続して同一の電源で励磁して運転するものである。

2) 直巻電動機（series motor）　図(d)のように界磁巻線を電機子巻線と直列に接続して同一の電源で励磁して運転するものである。

3) 複巻電動機（compound motor）　電機子巻線に並列の界磁巻線（分巻界磁巻線）と直列の界磁巻線（直巻界磁巻線）をもつもので，図(e)のように分巻界磁巻線と電機子巻線が並列でこれに直列に直巻界磁巻線を接続した内分巻，図(f)のように直巻界磁巻線と電機子巻線が直列でこれに並列に分巻界磁巻線を接続した外分巻がある。また，両界磁巻線の起磁力が加わるようにしたものを和動複巻電動機，相反するようにしたものを差動複巻電動機と呼ぶ。

2.5.2 直流電動機の特性

電動機の特性曲線としてはつぎのものが特に重要である。

1) 速度特性曲線（speed characteristic curve）　端子電圧 V_a および界磁抵抗 R_f を一定としたときの負荷電流 I と回転数 N 〔rpm〕との関係を示すものである。

2) トルク特性曲線（torque characteristic curve）　端子電圧 V_a および界磁抵抗 R_f を一定としたときの負荷電流 I とトルク T との関係を示すものである。

3) 速度トルク特性曲線（speed-torque characteristic curve）　端子電圧 V_a および界磁抵抗 R_f を一定としたときの回転数 N とトルク T との関係を示すもので，電動機運転の安定性を検討する場合に重要となる。

例えば**図 2.29** のように速度トルク特性曲線が T_M の電動機で速度トルク特性曲線が T_L であるような負荷を運転した場合，その交点 P のようなトルク T_P を発生し，回転数 N_P で運転される。図(a)の場合には回転数が N_P より上昇した場合，負荷が要求するトルクが電動機のトルクより大きいため減速して P 点にもどり，回転数が N_P より減速した場合，負荷が要求するトルクが電動機のトルクより小さくなるから加速してやはり P 点にもどるため安定な運転ができる。これに対し，図(b)の場合には回転数が N_P より上昇した場

2.5 直流電動機の種類と特性

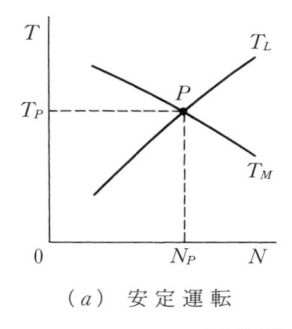

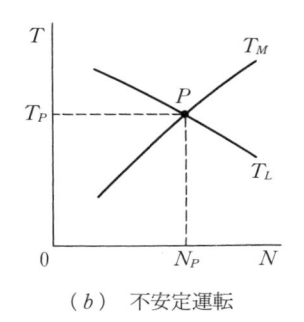

(a) 安定運転　　　　　　　　　(b) 不安定運転

図 2.29　速度トルク特性曲線

合，負荷が要求するトルクが電動機のトルクより小さいためさらに加速して P 点にもどることができず，また，回転数が N_P より減速した場合，負荷が要求するトルクが電動機のトルクより大きくなるからさらに減速してやはり P 点にもどることはできず不安定な運転となる。

ここでは，以下各種電動機についてこれらの特性を説明する。

〔1〕 **他励電動機の特性**　他励電動機ではつぎの基本式が成り立つ。

$$V_f = R_f I_f, \quad I = I_a,$$
$$V_a = E_a + R_a I_a, \quad E_a = K\Phi N \cdot 2\pi/60 \tag{2.26}$$

これより，次式が得られる。

$$N = \frac{V_a - R_a I_a}{2\pi K\Phi/60} \text{ 〔rpm〕} \tag{2.27}$$

端子電圧 V_a および界磁抵抗 R_f を一定としたとき，電機子反作用を無視できるとすれば磁束 Φ は一定となるから回転数 N は負荷電流 I の増加とともに直線的に低下し，速度特性は図 **2.30** の破線のようになる。また，電機子反作用による磁束の減少を考慮した場合には実線のようになる。一般に電機子回路の抵抗による電圧降下は端子電圧に比べて小さいから回転数の低下もわずかであり，このような電動機を**定速度電動機**（constant speed motor）と呼ぶ。

直流電動機のトルク T は $T = K\Phi I_a$ であるから負荷電流に比例して増加し，トルク特性は図 **2.30** の破線のようになり電機子反作用を考慮した場合には実線のようになる。図 **2.30** より速度トルク特性は電機子反作用を無視

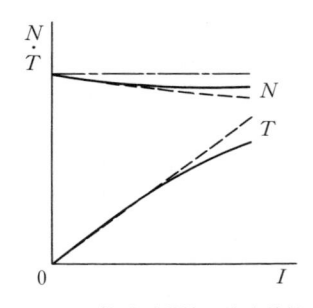

図 2.30 他励電動機の速度特性とトルク特性

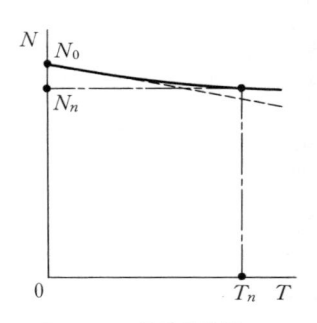

図 2.31 他励電動機の速度トルク特性

できるとすれば図 2.31 の破線のようになり，電機子反作用を考慮した場合には実線のようになる。

　電機子端子電圧，負荷電流，回転数を定格値 V_{an}, I_n, N_n になるように界磁抵抗 R_f を調節した後，電機子端子電圧は一定で無負荷にしたときの回転数を N_0 とすると，速度の変化の程度を示すために次式で表される**速度変動率** (speed reguration) が用いられる。

$$\varepsilon = \frac{N_0 - N_n}{N_n} \times 100 \quad [\%] \tag{2.28}$$

他励電動機は負荷の変化による速度の変動が小さく，正逆両方向に広範囲に速度を変化させることができるので幅広い用途を有する。

〔2〕 **分巻電動機の特性**　　分巻電動機では $V_a = V_f$, $I = I_a + I_f$ となる点が他励電動機と異なるだけで，速度特性，トルク特性は他励電動機と同じであり，図 2.30 のようになる。

〔3〕 **直巻電動機の特性**　　直巻電動機ではつぎの基本式が成り立つ。

$$I = I_a = I_f,$$
$$V_a = E_a + R_a I + R_f I, \ E_a = K\Phi N \cdot 2\pi/60 \tag{2.29}$$

ここで $\Phi = kI$ であるから，式 (2.29) より回転数は次式で表される。

$$N = K_1 \left(\frac{V_a}{I} - R_a - R_f \right), \ K_1 = 60/2\pi kK \tag{2.30}$$

したがって，磁束の飽和がない場合には速度は負荷電流に反比例して低下す

2.5 直流電動機の種類と特性

るから速度特性は**図 2.32** の破線のようになり，飽和を考慮した場合には負荷電流が大きいところでは速度はほぼ一定となり，実線のようになる。このように負荷が変化すると速度が著しく変化する電動機を**変速度電動機**（variable speed motor）と呼ぶ。また，トルクは $T = K\Phi I$，$\Phi = kI$ より次式となる。

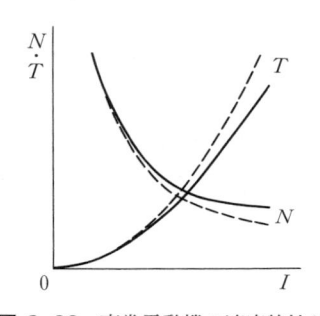

$$T = kKI^2 \tag{2.31}$$

図 2.32 直巻電動機の速度特性とトルク特性

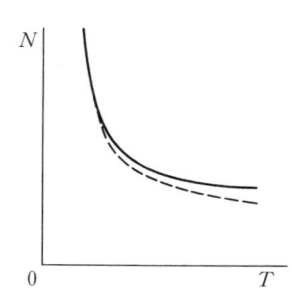

図 2.33 直巻電動機の速度トルク特性

したがって，磁束の飽和がない場合にはトルクは負荷電流の 2 乗に比例するからトルク特性は**図 2.32** の破線のようになり，飽和を考慮した場合には負荷電流が大きいところでは磁束はほぼ一定となり，実線のように直線に近づく。これより，速度トルク特性は磁束の飽和がない場合には**図 2.33** の破線，飽和を考慮した場合には実線のようになる。

このように直巻電動機は低速度時に大きなトルクが得られるため鉄道などのように始動トルクが大きいことが必要な用途に使用される。なお，軽負荷時には速度が上昇し，無負荷では非常に高速になるため，はずれるおそれのあるベルト運転は行わず直結継手，歯車などを用いる必要がある。

〔**4**〕 **複巻電動機**　複巻電動機では外分巻接続が標準であり，つぎの基本式が成り立つ。ただし，分巻界磁巻線による磁束を Φ_p，直列界磁巻線による磁束を Φ_s とし，磁束 Φ は和動複巻の場合には＋，差動複巻の場合には－となる。

2. 直流機

$$N = \frac{V_a - R_a I_a - R_{fs} I_a}{2\pi K \Phi / 60} \quad \text{(rpm)} \tag{2.32}$$

$$I = I_a + I_f, \quad \Phi_p = k_p I_f,$$

$$\Phi_s = k_s I, \quad \Phi = \Phi_p \pm \Phi_s \tag{2.33}$$

これより，和動複巻電動機では負荷の増加とともに磁束が増加するため速度の低下の割合が分巻電動機の場合より大きくなり，速度特性は**図 2.34**の(a)，トルク特性は**図 2.35**の(a)のようになる。すなわち，分巻界磁巻線による磁束 Φ_p と直列界磁巻線による磁束 Φ_s との割合によって，分巻電動機の特性に近いものや，直巻電動機の特性に近いものが作られ，分巻電動機と直巻電動機の間の特性となる。このため，始動時のトルクが大きく，しかも直巻電動機のように軽負荷時であっても高速になる危険のないものが得られる。

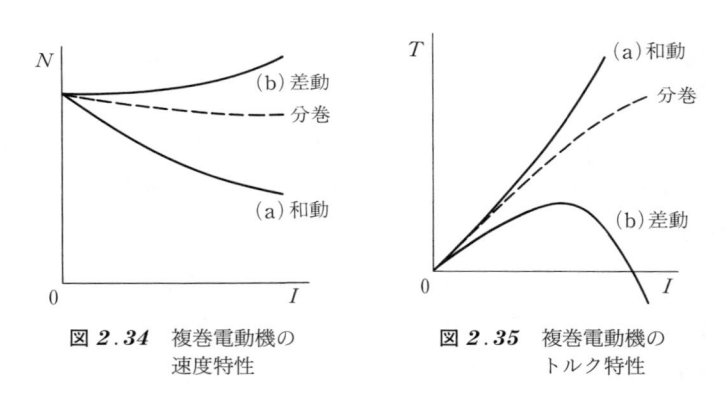

図 2.34 複巻電動機の速度特性

図 2.35 複巻電動機のトルク特性

また，差動複巻電動機では，負荷の増加とともに磁束は減少し，速度特性は**図 2.34**の(b)，トルク特性は**図 2.35**の(b)のようになり，過負荷のところでは速度が上昇するおそれがあることやトルクが負となり逆転する危険があるため，ほとんど用いられない。

2.6 直流電動機の運転

2.6.1 直流電動機の過渡動作

ここでは，直流電動機の過渡的な動作について述べる。他励電動機のように磁束が電機子電流に無関係に一定の場合には図 **2.36** (a) の電機子回路に対し次式が成り立つ。ただし，電機子巻線のインダクタンスを L_a，電機子電流，誘導起電力の瞬時値を i_a, e_a，回転数を n [rps] とする。

$$V_a = R_a i_a + L_a \frac{di_a}{dt} + e_a = R_a i_a + L_a \frac{di_a}{dt} + 2\pi K\Phi n \qquad (2.34)$$

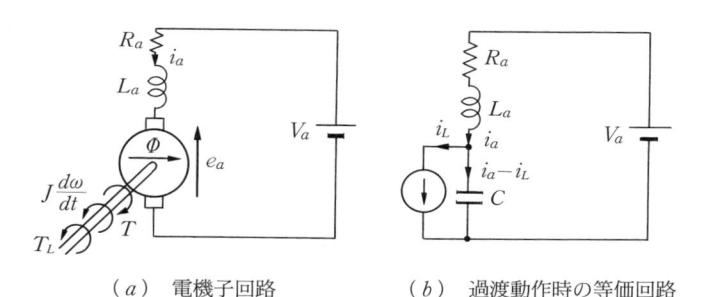

(a) 電機子回路　　　　　(b) 過渡動作時の等価回路

図 **2.36**　直流他励電動機の過渡動作時の回路

電動機の発生トルクを T_M，負荷トルクを T_L，回転体の慣性モーメントを J とすると発生トルク T_M と負荷トルク T_L の差で回転体は加減速されるから次式が成り立つ。

$$2\pi J \frac{dn}{dt} = T_M - T_L = K\Phi i_a - T_L \qquad (2.35)$$

式 (2.35) より式 (2.36) が得られる。

$$n = \frac{1}{2\pi J} \int_0^t (K\Phi i_a - T_L) dt \qquad (2.36)$$

式 (2.36) を式 (2.34) に代入して式 (2.37) が得られる。

$$V_a = R_a i_a + L_a \frac{di_a}{dt} + \frac{(K\Phi)^2}{J} \int_0^t \left(i_a - \frac{T_L}{K\Phi} \right) dt \qquad (2.37)$$

52   2. 直 流 機

一方，図 **2.36**(b) の回路に対して次式が成り立つ．

$$V_a = R_a i_a + L_a \frac{di_a}{dt} + \frac{1}{C}\int_0^t (i_a - i_L)dt \tag{2.38}$$

ここで，$C = J/(K\Phi)^2$，$i_L = T_L/K\Phi$ とすると式 (2.37) は式 (2.38) と同じものとなるから，直流電動機の過渡時の等価回路は図 **2.36**(b) で表され，コンデンサ C の両端の電圧が電機子誘導起電力 e_a に相当し，式 (2.38) を解くことにより過渡時の動作について検討することができることがわかる．

2.6.2 直流電動機の始動

電動機を停止の状態から運転状態にすることを始動といい，ここでは，始動時の動作について述べる．無負荷で直流他励電動機を始動する場合には式 (2.38) を $i_L = 0$，$t = 0$ で $i_a = 0$，$e_a = 0$ の条件で解くことになり，次式となる．

$$i_a = \frac{V_a}{2\beta L_a} e^{\alpha t}(e^{\beta t} - e^{-\beta t})$$

$$\alpha = -\frac{R_a}{2L_a}, \quad \beta = \sqrt{\left(\frac{R_a}{2L_a}\right)^2 - \frac{1}{L_a C}} \tag{2.39}$$

実際の直流電動機では電機子巻線のインダクタンス L_a は小さいため $\beta > 0$ となり，時間 t に対する i_a，e_a（回転数 n に相当）の変化の一例は図 **2.37** の実線のようになる．なお，電機子巻線インダクタンス L_a を無視した場合には，回路方程式は式 (2.40) となる．式 (2.40) を $i_L = 0$，$t = 0$ で $i_a = 0$，$e_a = 0$ として解いた場合の i_a は式 (2.41) となり，時間 t に対する i_a，e_a の

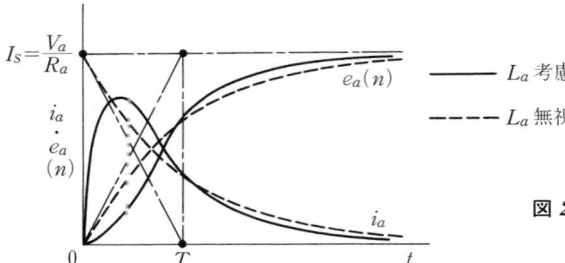

図 **2.37** 直流他励電動機始動時の電流と回転数

変化の一例は図 **2.37** の破線のようになる。

$$V_a = R_a i_a + e_a = R_a i_a + \frac{1}{C}\int_0^t (i_a - i_L) dt \qquad (2.40)$$

$$i_a = \frac{V_a}{R_a}(e^{-t/T}), \quad T = R_a C = JR_a/(K\Phi)^2 \qquad (2.41)$$

T が小さいほど応答は速くなるから，始動，停止を繰り返す電動機では回転子の慣性 J を小さくする必要がある。

電機子インダクタンス L_a を無視した場合には，始動時の電機子電流（**始動電流**（starting current））の最大値 I_{as} は次式となる。

$$I_{as} = V_a/R_a \qquad (2.42)$$

電機子抵抗は一般に小さい値であるために始動電流は定格電流の十数倍から数十倍にもなり，短時間であっても電機子コイルや整流子，ブラシを焼損したり，電源に影響を与えることになる。したがって，始動電流を定格値の 100 から 150 %，大きな始動トルクが必要な場合でも 300 %程度に押さえる必要があり，つぎのような始動方法を用いる。

1）抵抗始動法 図 **2.38** のように電機子回路に直列に抵抗器 R_{st} を接続して始動電流を制限する方法で，この抵抗器を**始動抵抗器**（starting rheostat）と呼ぶ。ハンドル H を時計方向に回転させて始動し，速度が上昇して電流が減少するとともに抵抗を減少させ，抵抗が零の位置で電磁石 M により固定する。電源が開かれた場合にはハンドルはバネによりもとの位置にもど

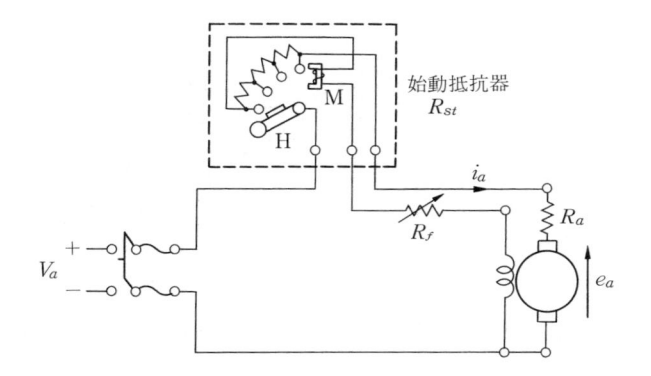

図 **2.38** 抵抗始動法

り，安全に再始動できるようになっている。

2) 低減電圧始動法 始動時に電機子端子電圧を下げる方法であり，複数台の電動機を始動時には直列，運転時には並列に接続する直並列始動と可変電圧電源を用いる始動法などがある。

2.6.3 直流電動機の速度制御

電動機で他の機械装置を運転している場合の速度は，電動機の速度トルク特性曲線と負荷の速度トルク特性曲線の交点として求められる。したがって，**速度制御**（speed control）とは電動機の速度トルク特性を変化させ，負荷の速度トルク特性曲線との交点を変えることになり，目的によって図 **2.39** のように可変速度制御と定速度制御に分けられる。図(a)のように T_{L1} の速度トルク特性を有する負荷を速度トルク特性が T_{M1} の電動機で運転している場合には速度は N_1 となる。電動機の速度トルク特性を T_{M2} にすると速度を N_1 から N_2 に変化することができ，これを可変速度制御と呼ぶ。また，図(b)のように T_{L1} の速度トルク特性を有する負荷を速度トルク特性が T_{M1} の電動機で速度 N_1 で運転しているとき負荷の速度トルク特性が T_{L2} に変動すると速度は N_2 に変化する。これに対し，電動機の速度トルク特性を T_{M2} にすることにより速度は再び N_1 に戻り速度を一定に保つことができ，これを定速度制御と呼ぶ。

2.5 節で述べたように電動機の速度は次式で表される。

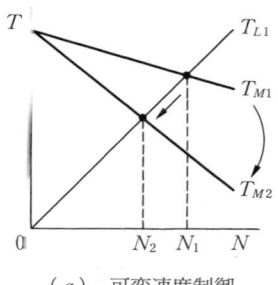

（a） 可変速度制御 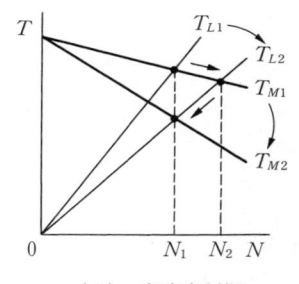　　　　　（b） 定速度制御

図 **2.39** 速度制御

$$N = \frac{V_a - R_a I_a}{2\pi K \varPhi / 60} \text{ [rpm]}$$

したがって，速度を変化させるには，磁束 $\varPhi$ を変化させる**界磁制御法** (field control method)，電機子回路に直列に抵抗を挿入して抵抗 R_a を変化させる**直列抵抗制御法** (armature-resistance control method)，電機子巻線に加える電圧 V_a を変化させる**電圧制御法** (armature-voltage control method) の3種類がある。

〔**1**〕 **界磁制御法** 磁束を変化させる方法で，他励，分巻電動機では図 **2.40** のように界磁巻線に直列に抵抗 R_f を接続して励磁電流を調整し，磁束を変化させるほか他励電動機では界磁電圧により磁束の変化も可能である。界磁電流と速度との関係を図 **2.41** に示す。速度は界磁電流に反比例するが界磁電流の大きいところでは磁気回路の飽和現象のため磁束の変化は小さくなるから実線のように回転数の変化は少なくなる。界磁電流をパラメータとした速度トルク特性を図 **2.42** に示す。界磁電流を小さくすると負荷による速度変動が大きくなり，電機子反作用の影響も大きく，不安定となるため，速度制御範囲は2倍程度である。なお，直巻電動機では $I = I_a = I_f$ であり界磁電流 I_f のみを変化させることはできないため，図 **2.43** のように界磁巻線にタップを設けて，その巻数を調節し起磁力を変えて磁束を変化させる。また，複巻電動機でも界磁巻線に直列に抵抗を接続して速度制御を行うことができるが，直巻界磁巻線の起磁力の割合が大きい場合には速度の変化は小さくなるから，広

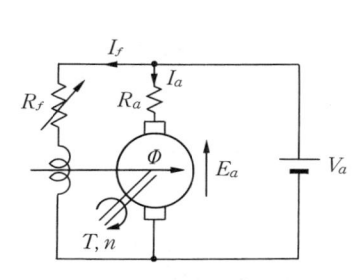

図 **2.40** 分巻電動機の界磁制御 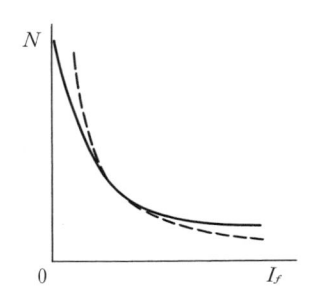　　図 **2.41** 界磁電流と速度との関係

図 2.42　界磁制御時の速度トルク特性

図 2.43　直巻電動機の界磁制御

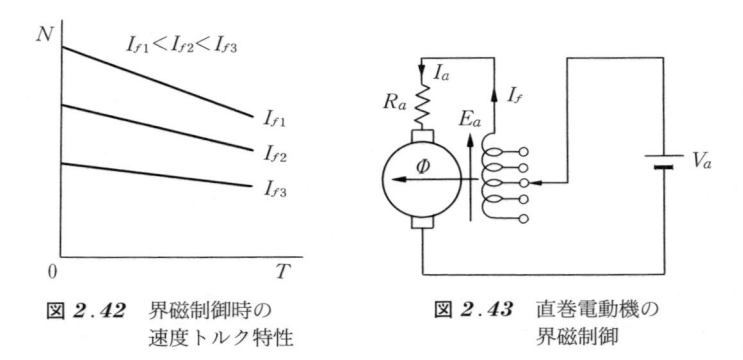

範囲の速度制御が必要なところでは複巻電動機は使用されない。

〔2〕 **直列抵抗制御**　図 2.44 のように電機子巻線に直列に抵抗 R_s を接続し，これを加減して速度を変化させる方法である。他励，分巻電動機の電機子直列抵抗をパラメータとした速度トルク特性を図 2.45 に示す。抵抗を大きくするほど速度トルク特性の傾きが大きくなり速度は低下する。しかしながら，軽負荷では電機子電流が小さいため速度制御範囲が狭いことや負荷変化時の速度変動率が大きくなることおよび直列抵抗での抵抗損のため効率が悪化するなどの欠点がある。このため他励，分巻，複巻電動機ではあまり用いられず，直巻電動機で使用される。

〔3〕 **電圧制御**　電機子に加える電圧を調整して速度を変化させる方法である。分巻，複巻電動機では電機子電圧を変化させると界磁電流も同時に変

図 2.44　直列抵抗制御法

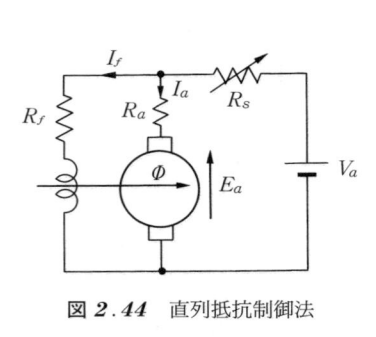

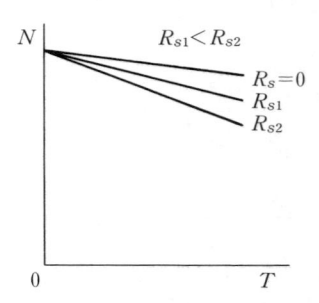

図 2.45　直列抵抗制御時の速度トルク特性

わって，磁束が変化するために速度はあまり変化しないから実際には使用されず，他励電動機で用いられる。他励電動機の磁束を一定とした無負荷時および負荷時の電機子電圧と速度との関係を**図2.46**，電機子電圧をパラメータとした速度トルク特性を**図2.47**に示す。速度は電機子電圧に比例して変化し，速度を広範囲に変化しても負荷変化に対する速度変動率は小さく，効率も良好である。なお，直巻電動機を電気鉄道に使用した場合には偶数個の電動機を直列接続して低速運転を，並列接続して高速運転を行う方式が用いられる。

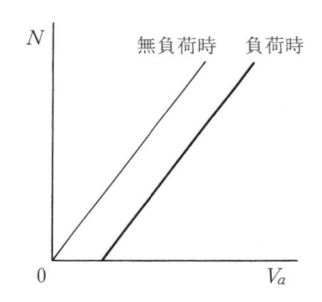

図2.46 他励電動機の電機子電圧と速度との関係

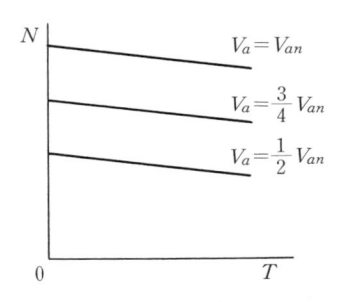

図2.47 電圧制御時の速度トルク特性

2.6.4 直流電動機の制動，逆転

直流電動機を急速に停止させることを**制動**（braking）といい，ブレーキ片による摩擦で運動エネルギーを熱エネルギーに変える機械的制動法とつぎのような電気的制動法がある。

〔1〕 **発電制動**（dynamic braking）　電動機の電機子回路を電源から切り離し，外部抵抗を接続して発電機として動作させ，運動エネルギーを熱エネルギーに変えて制動する方法である。

〔2〕 **回生制動**（regenerative braking）　電動機の逆起電力が電機子端子電圧以上になると発電機として動作し，制動力を生ずる。このように電動機のもつ運動エネルギーを電気エネルギーに変え，電源に返還する経済的な方法を回生制動と呼び，エレベータの下降時，電気機関車が坂道を下る場合や減

速，停止する場合などに応用される。

〔**3**〕 **逆 転 制 動**（plugging） 運転中の電動機の電機子巻線の接続を逆にすると逆方向に大きな電機子電流が流れ，回転方向とは逆の大きなトルクを生ずる。これを逆転制動（プラッギング）と呼び，急速に停止させる場合に用いられる。なお，逆転を防止するため停止直前に電動機を電源から切り離す必要がある。

電動機の回転方向を変えるには電機子回路または界磁回路のいずれかの極性を逆にすればよく，一般にインダクタンスの小さな電機子回路を逆にする。

2.7 直流機の損失，効率

2.7.1 損　　失

直流発電機は機械エネルギーを電気エネルギーに，直流電動機は電気エネルギーを機械エネルギーに変換するものであるが，これらのエネルギー変換過程で一部のエネルギーは熱エネルギーに変換され，損失となる。損失にはつぎのようなものがある。

機械損：摩擦損，風損

鉄損：ヒステリシス損，渦電流損

銅損：界磁巻線銅損，電機子巻線銅損，ブラシ電気損

漂遊負荷損

これらのうち，機械損，鉄損，他励および分巻機の界磁巻線銅損は無負荷の場合であっても発生するものであり，**無負荷損**（no-load loss）と呼び，その他の電機子巻線銅損，ブラシ電気損，直巻機界磁巻線銅損，漂遊負荷損などは負荷によって変化するもので**負荷損**（load loss）と呼ばれる。

〔**1**〕 **機　械　損**（mechanical loss） **摩擦損**（friction loss）と**風損**（windage loss）に分けられる。摩擦損は軸と軸受，ブラシと整流子の間の摩擦により生ずるものである。また，風損は回転子の回転により周囲の空気を動かすことにより生ずるもので，これらはいずれも回転数の関数となり，回転数

が高くなるほど増加する。

〔**2**〕**鉄　　　損**（iron loss）　磁気回路を構成する磁極のギャップに近いところ，電機子などの鉄心中で生ずる損失で，電機子の回転による磁束の変化に伴って生ずるヒステリシス損と，磁束の変化により鉄心中に起電力を生じて電流が流れることにより生ずる渦電流損に分けられる。これらは，いずれも磁束密度および回転数の関数となる。

〔**3**〕**銅　　　損**（copper loss）　界磁巻線銅損は界磁巻線の抵抗を R_f，電流を I_f とすると次式で与えられる。

$$P_f = R_f I_f^2 \tag{2.43}$$

また，電機子巻線銅損は電機子巻線の抵抗を R_a，電流を I_a とすると次式で与えられる。

$$P_a = R_a I_a^2 \tag{2.44}$$

ブラシ電気損は電機子電流 I_a とブラシにおける電圧降下の積で与えられ，電圧降下は電機子電流にかかわらずほぼ一定で，材質により定まり，炭素，黒鉛ブラシで1個当り約1V，金属黒鉛ブラシで0.3V程度となる。

2.7.2　効　　　率

直流電動機におけるエネルギーの流れを**図 2.48** に示す。電動機に供給された全エネルギーすなわち入力 P_{in} と負荷に供給される機械エネルギーすなわち出力 P_{out} の割合を**効率**（efficiency）と呼び，次式で表される。

$$\eta = \frac{出力}{入力} = \frac{P_{out}}{P_{in}} \times 100 \ [\%] \tag{2.45}$$

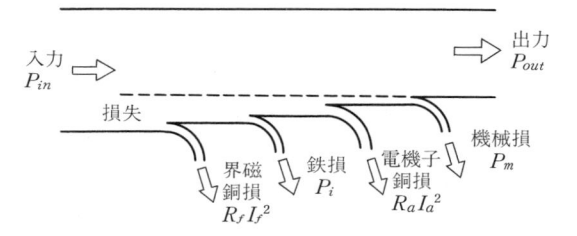

図 2.48　直流電動機のエネルギーの流れ

効率を測定する場合,入力と出力を直接測定して求めたものを実測効率と呼ぶ。しかしながら,回転機では入力か出力のいずれかが機械的動力であり,正確な測定は困難なことが多い。発電機では出力が電力,電動機では入力が電力であり,これらは比較的測定が容易なことから実際には次式のようにして効率を算定することが多く,**規約効率**(conventional efficiency)と呼ぶ。

$$効率 = \frac{出力}{出力+損失} \times 100 \quad [\%] \quad (発電機)$$
$$= \frac{入力-損失}{入力} \times 100 \quad [\%] \quad (電動機) \tag{2.46}$$

端子電圧を V_a,電機子電流を I_a,無負荷損を P_0,負荷損を $P_L = kI_a^2$ とすると電動機の効率は次式で表される。

$$\eta = \frac{V_a I_a - (kI_a^2 + P_0)}{V_a I_a} \times 100 \quad [\%] \tag{2.47}$$

端子電圧は一定で負荷を変化した場合の効率の変化を調べるため式 (2.47) の分子,分母を I_a で割ると次式となる。

$$\eta = \frac{V_a - (kI_a + P_0/I_a)}{V_a} \times 100 \quad [\%] \tag{2.48}$$

これより,$kI_a + P_0/I_a$ が最小となる場合に効率は最大となり,この電流は次式より求めることができる。

$$\frac{d(kI_c + P_0/I_a)}{dI_a} = k - P_0/I_a^2 = 0$$

$$kI_a^2 = P_0 \tag{2.49}$$

したがって,出力と損失,効率の関係は**図 2.49** のようになり,$P_0 = kI_a^2$

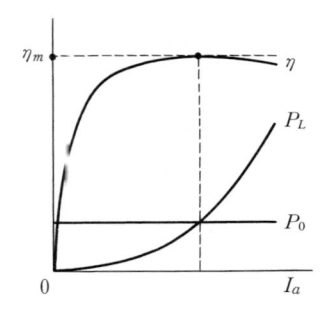

図 2.49 直流機の出力と効率の関係

コーヒーブレイク

自動車とモータ

　自動車は毎日の生活に必要不可欠なものになっており，これにより多くのエネルギーが消費されている。19世紀に自動車の製作が試みられた頃は蓄電池とモータを用いた電気自動車が有望と考えられていた。しかしながら，ガソリン自動車が製作されると電気自動車は忘れられることとなった。これは，ガソリンのエネルギー密度が電池に比べて2桁ほど大きいためである。

　自動車が普及すると，より快適で安全な乗り物にするためにモータが使用されるようになり，一例を図 2.50 に示す。初めは，ワイパーに使用され，エアコン，パワーウィンドウ，ウォッシャーポンプ，リモコンミラー，ドアロックなど各部に使用されるようになり，現在では一般大衆車クラスでも十数個，高級車では数十個のモータが使用され，自動車では主役にはなれなかったものの脇役として重要な位置を占めることになった。これらの大部分は比較的安価であることから永久磁石式直流モータであり，この間，より小型化，高性能化が進められた。

図 2.50　自動車とモータ

　これに対して，1960年頃からガソリン自動車による大気汚染が著しくなると再び排気ガスのない電気自動車が注目されるようになり，環境問題が地球規模で論議されるようになると大きな関心が寄せられることになった。電気自動車はガソリン自動車に比べると価格が高く，1回の充電での走行距離が短いなどの問題点を有するが，大気汚染がなく，騒音も少ないため環境対策としてはきわめて有効であり，モータはエンジンに比べて広範囲の速度制御が可能であるためトランスミッションが不要で運転が容易となり，乗り心地もよいなどの利点を有している。このため，電池，モータの高性能化と相まって電気自動車は急速な進歩を遂げ，走行距離以外の点ではガソリン自動車と遜色のないところまできており，自動車の主役となる日が近づいている。

すなわち無負荷損＝負荷損の場合に効率は最大になることがわかる。

実際の直流機の効率は出力の大小や回転数により異なるが，数 kW 程度のもので定格負荷時の効率は 80 % 程度，100 kW を越えるようなものでは 90 % 以上となる。

演 習 問 題

【1】 極数が $p = 4$，一極当りの平均磁束が $\Phi = 0.045$ Wb，電機子導体の総数が $Z = 80$ の重ね巻直流発電機を，$N = 1\,800$ rpm で回転した場合の端子間の誘導起電力 E_a を求めよ。

【2】 図 2.7 のような電機子巻線を有する直流発電機の一極当りの平均磁束が $\Phi = 0.04$ Wb，電機子コイル 1 個の巻数が $w = 20$ 回であるとき $N = 1\,800$ rpm で回転した場合の端子間の誘導起電力 E を求めよ。

【3】 直流他励電動機があり，定格電機子端子電圧 $V_{an} = 100$ V，定格電機子電流 $I_{an} = 10$ A，定格回転数 $N_n = 1\,800$ rpm，電機子回路抵抗 $R_a = 1.0$ Ω である。磁束は一定で，鉄損，機械損は無視できるとして以下の問に答えよ。
　　（1） 定格時における電機子誘導起電力 E_{an}，機械的出力 P_{on} およびトルク T_n を求めよ。
　　（2） 無負荷時（$T = 0$）の回転数 N_0 を求めよ。

【4】 直流他励電動機があり，定格電機子端子電圧 $V_{an} = 100$ V，定格電機子電流 $I_{an} = 10$ A，定格電機子電圧で定格負荷時の回転数 $N_n = 1\,800$ rpm，$R_a = 1.0$ Ω である。この電動機を発電機として運転し負荷に $V_a = 100$ V で $P_o = 1$ kw の電力を供給しているときのトルク T および回転数 N を求めよ。ただし，電機子鉄損，機械損は無視できるとする。

【5】 直流他励電動機があり，定格電機子端子電圧 $V_{an} = 100$ V，定格電機子電流 $I_{an} = 20$ A，定格回転数 $N_n = 1\,800$ rpm，電機子回路抵抗 $R_a = 0.5$ Ω である。磁束は一定で，鉄損，機械損は無視できるとして以下の問に答えよ。
　　（1） 定格トルクに等しい（$T = T_n$）トルクを必要とする負荷を接続して回転数 $N = 1\,200$ rpm で運転する場合の電機子端子電圧 V_a を求めよ。
　　（2） 負荷トルクが定格トルクの 1/2 に変化したとき回転数を $N = 1\,800$

rpm 一定で運転する場合の電機子端子電圧 V_a を求めよ。

【6】 直流分巻電動機があり，定格電機子端子電圧 $V_{an} = 100$ V，定格電機子電流 $I_{an} = 10$ A，定格回転数 $N_n = 1\,800$ rpm，界磁電流 $I_f = 1$ A，電機子回路抵抗 $R_a = 1.0\,\Omega$ である。電機子端子電圧は一定で電機子反作用，磁気回路の飽和の影響，鉄損，機械損は無視できるとして以下の問に答えよ。
　（1）　無負荷で界磁電流を $I_f = 1$ A にしたときの回転数 N を求めよ。
　（2）　無負荷で界磁電流を $I_f = 2$ A にしたときの回転数 N を求めよ。

【7】 直流直巻電動機があり，定格電機子端子電圧 $V_{an} = 100$ V，定格電機子電流 $I_{an} = 20$ A，定格回転数 $N_n = 1\,800$ rpm，電機子回路抵抗 $R_a = 0.1\,\Omega$，界磁巻線抵抗 $R_f = 0.4\,\Omega$ である。負荷トルク T が定格トルク T_n の 1/4 に減少した場合の電機子電流 I_a および回転数 N を求めよ。ただし，電機子端子電圧は一定で電機子反作用，磁気回路の飽和の影響，鉄損，機械損は無視できるとする。

【8】 直流他励電動機があり，定格電機子端子電圧 $V_{an} = 100$ V，定格電機子電流 $I_{an} = 10$ A，電機子回路抵抗 $R_a = 1.0\,\Omega$ である。定格電圧で始動抵抗を用いない場合の始動電流 I_{as} および $I_{as} \leq I_{an}$ とするために電機子回路に直列に接続すべき抵抗の最小値 R_s を求めよ。ただし，電機子巻線のインダクタンスの影響は無視できるものとする。

【9】 直流分巻電動機があり，定格電機子端子電圧 $V_{an} = 100$ V，定格入力電流 $I_n = 10.5$ A，電機子巻線抵抗 $R_a = 1\,\Omega$，界磁巻線抵抗 $R_f = 200\,\Omega$，電機子鉄損 $P_i = 30$ W，機械損 $P_m = 20$ W である。定格出力時の界磁抵抗損 P_{cf}，電機子抵抗損 P_{ca}，機械的出力 P_{on}，効率 η_n を求めよ。

【10】 定格出力 $P_{out} = 10$ kW，定格端子電圧 $V_{an} = 100$ V，定格回転数 $N_n = 1\,800$ rpm，電機子回路抵抗 $R_a = 0.10\,\Omega$ の直流他励発電機がある。これを 1 800 rpm で回転させ無負荷試験を行った結果はつぎのようである。

$I_f(A)$	0	0.2	0.4	0.6	0.8	1.0	1.2	1.4	1.6
$E_a(V)$	8	20	40	60	80	97	110	118	122

　（1）　無負荷飽和曲線を示せ。
　（2）　定格回転数，定格出力で運転している場合の誘導起電力 E_a および界磁電流 I_f を求めよ。ただし，電機子回路抵抗は一定で電機子反作用は

無視できるとする。

【11】 つぎの文の（ ）に適当な語を入れよ。
(1) 直流電動機の主要部は(a)，(b)，(c)およびブラシであり，(a)は磁束を作る部分，(b)は主電流を通し，電磁力を発生する部分である。
(2) 電機子鉄心では回転に伴って鉄心中の磁束が変化し，(d)を生ずる。これを軽減するために鉄心材料として(e)を使用し，軸方向に積み重ねた成層鉄心とする。
(3) 電機子巻線法には(f)と(g)がある。(f)では並列回路数は(h)に等しくなり，ブラシの数もこれに等しくなるから(i)電圧(j)電流に適する。これに対し，(g)では並列回路数はつねに2個となる。
(4) 直流機に負荷がかかると(k)に電流が流れ主磁極による磁束分布に影響を与える。これを(l)と呼ぶ。これに伴い
　1．(m)の移動による整流不良
　2．(n)の減少による電圧低下
　3．(o)電圧の不均一を生ずる。
整流を良好にするには(p)を設ける。また，2，3を避けるには(q)を設け，電機子起磁力を打ち消すようにする。
(5) 直流機の界磁としてごく小型の場合には(r)が使われるがそれ以外では電磁石が使われ，励磁方式により(s)と(t)に分けられ，(t)はさらに(u)，(v)，(w)の3種類に分けられる。

3

変 圧 器

　電気エネルギーを有効に利用するには目的にあった形態にする必要があり，直流や交流，電圧の大小，周波数の高低などさまざまな形で利用されている。特に，電気エネルギーの輸送，配分に当たっては送配電線が使用されているが，電線での抵抗損や電圧変動を少なくして効率よく安定に供給をするため送電時には高電圧小電流にし，一方，使用時には安全性の点から低電圧にする必要があり，広範囲の電圧の変換が行われる。また，大型電動機などから，半導体素子を使用した小型電子機器まで各種の機械装置をそれぞれに適した電圧で運転するためにも，電圧を広範囲に変換する必要がある。変圧器は交流電圧を最も簡単に効率よく変換するための装置であり，電力分野から電子通信関係分野まで幅広く使用されており，ここではその原理，構造，使用する上で知っておかなければならない性質等について学ぶ。

3.1 変圧器の原理

3.1.1 電圧変換の原理

　図 *3.1* のように磁性材料で構成された閉磁気回路を磁心または鉄心という。これに，巻数が w_1 の巻線を施し，電圧が v_1 の交流電源に接続すると電流 i_0 が流れ，起磁力 $F = w_1 \cdot i_0$ により鉄心中に次式のような磁束 ϕ を生ずる。ただし，R は磁気抵抗で，磁気回路の平均長さを L，断面積を S，磁性材料の透磁率を μ とする。

$$\phi = \frac{w_1 i_0}{R}, \quad R = \frac{L}{\mu S} \qquad (3.1)$$

　この磁束が変化することにより巻線には次式の起電力 e_1 が発生する。ただ

3. 変圧器

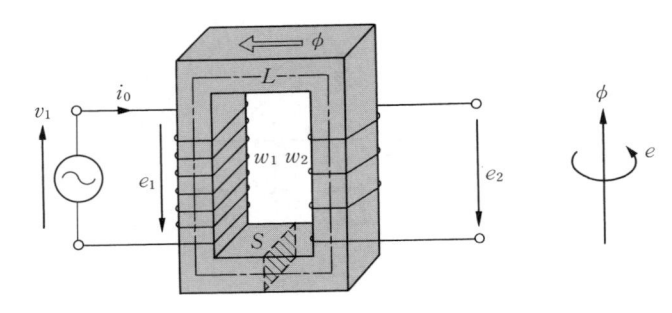

図 3.1 変圧器の原理

し,起電力の正方向と磁束の正方向は右ネジの回転方向と進行方向の関係に一致させる。

$$e_1 = -w_1 \frac{d\phi}{dt} \tag{3.2}$$

回路が平衡した状態では誘導起電力と電源からの供給電圧との間に次式が成り立つ。ただし,巻線抵抗での電圧降下は無視できるものとする。

$$v_1 + e_1 = 0 \tag{3.3}$$

式(3.2),(3.3)より式(3.4)が得られる。

$$v_1 = -e_1 = w_1 \frac{d\phi}{dt} \tag{3.4}$$

さらに,巻数が w_2 のもう1個の巻線を設けると,ここには次式で表される起電力 e_2 が発生する。

$$e_2 = -w_2 \frac{d\phi}{dt} \tag{3.5}$$

したがって,次式が成り立ち,巻数 w_2 を変化することにより必要な大きさの電圧を得ることができる。

$$\frac{e_1}{e_2} = \frac{w_1}{w_2} = a \tag{3.6}$$

電源に接続される側の巻線を**一次巻線**(primary winding),必要な大きさの電圧を発生させ負荷を接続する側の巻線を**二次巻線**(secondary winding)といい,$w_1/w_2 = a$ を**巻数比**(turn ratio)という。

3.1 変圧器の原理

ここで $v_1 = \sqrt{2}\,V_1 \sin \omega t$ とすると磁束 ϕ は次式のようになる。

$$\phi = \frac{1}{w_1}\int v_1\, dt = -\Phi_m \cos \omega t, \quad \Phi_m = \frac{\sqrt{2}}{w_1 \omega}V_1 \tag{3.7}$$

式 (3.7) を式 (3.4)，(3.5) に代入すると e_1，e_2 は次式のようになる。

$$e_1 = -w_1 \omega \Phi_m \cdot \sin \omega t = -\sqrt{2}E_1 \sin \omega t$$

$$E_1 = \frac{w_1 \omega \Phi_m}{\sqrt{2}} = V_1 \tag{3.8}$$

$$e_2 = -w_2 \omega \Phi_m \cdot \sin \omega t = -\sqrt{2}E_2 \sin \omega t$$

$$E_2 = \frac{w_2 \omega \Phi_m}{\sqrt{2}} = V_1 \frac{w_2}{w_1} \tag{3.9}$$

また，式 (3.1) より電流 i_0 は次式となる。

$$i_0 = \frac{R}{w_1}\phi \tag{3.10}$$

式 (3.7) と式 (3.10) より次式が得られる。

$$i_0 = -\sqrt{2}I_0 \cos \omega t, \quad I_0 = \frac{RV_1}{w_1^2 \omega} \tag{3.11}$$

一次巻線のインダクタンス L_1 を用いると次式が成り立つ。

$$L_1 i_0 = w_1 \phi \tag{3.12}$$

式(3.1)，(3.10) と式(3.12)より次式が得られる。

$$L_1 = \frac{w_1^2}{R} = \frac{\mu S w_1^2}{L} \tag{3.13}$$

式(3.11)と式(3.12)より次式が得られる。

$$I_0 = \frac{V_1}{\omega L_1} \tag{3.14}$$

以上の供給電圧，誘導起電力，電流，磁束の波形は図 **3.2** のようになり，ベクトル表示は図 **3.3** のようになる。すなわち，電圧 v_1 に対し，磁束 ϕ，

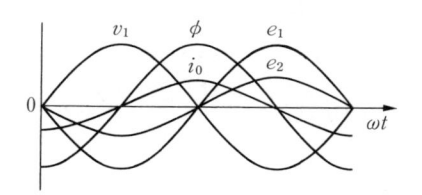

図 **3.2** 電圧，電流波形

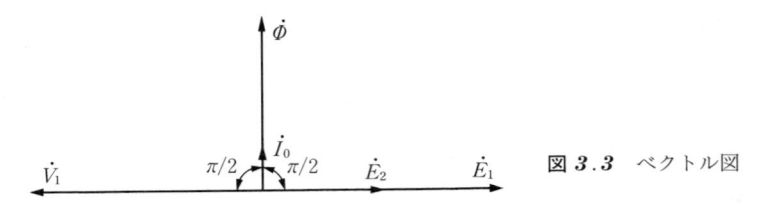

電流 i_0 はともに $\pi/2$ 遅れて同相となり，誘導起電力 e_1, e_2 は磁束 ϕ より $\pi/2$ 遅れ，電圧 v_1 に対しては位相が π ずれることになる。

3.1.2 負荷時の動作

これまでは二次側に負荷が接続されていない無負荷での動作を述べたが，ここでは負荷が接続された場合の動作について述べる。**図 3.4** のように二次巻線に負荷が接続されると二次電流 i_2 が流れ，二次巻線においても起磁力 $w_2 \cdot i_2$ を生ずるため，磁束 ϕ が変化する。磁束が変化すると一次巻線の誘導起電力が変化し，供給電圧との平衡が破れるため一次電流が変化する。一次電流が i_1 となって再び平衡がとれた状態では，一次誘導起電力は無負荷時と等しく，したがって，磁束，全起磁力も無負荷時と等しくなり，次式が成り立つ。

$$F = w_1 \cdot i_0 = w_1 \cdot i_1 + w_2 \cdot i_2 \tag{3.15}$$

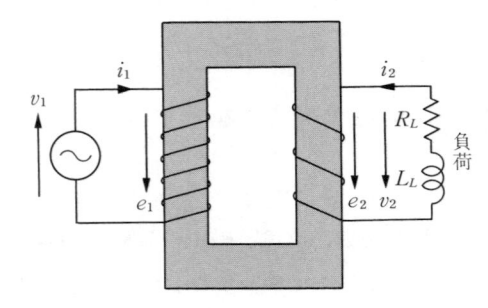

図 3.4 負荷接続時の変圧器

式(3.15)より次式が得られる。

$$w_2 \cdot i_2 = -w_1(i_1 - i_0) = -w_1 \cdot i_1' \tag{3.16}$$

$$\frac{i_1'}{i_2} = -\frac{w_2}{w_1} = -\frac{1}{a} \tag{3.17}$$

ここで i_1' は負荷が接続されたことにより一次電流が変化した分であり，**一次負荷電流**（primary load current）と呼ぶ．なお，実際の変圧器では無負荷時の電流 i_0 は負荷時の電流 i_1 に比べてきわめて小さいから，これを無視できるとすると次式が成り立つ．

$$\frac{i_1}{i_2} = -\frac{w_2}{w_1} = -\frac{1}{a} \tag{3.18}$$

負荷時の電圧，電流の関係を表すベクトル図を図 **3.5** に示す．ただし，θ は負荷インピーダンスにより定まる負荷の端子間電圧と電流の位相角であり，負荷インピーダンスを $\dot{Z}_L = R_L + j\omega L_L$〔Ω〕とすると次式となる．

$$\theta = \tan^{-1}(\omega L_L / R_L) \tag{3.19}$$

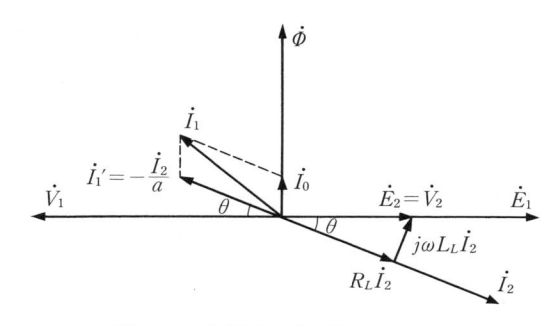

図 **3.5** 負荷時の変圧器ベクトル図

すなわち，二次側には負荷電流 I_2 が流れ，これによる起磁力を打ち消すように一次負荷電流 I_1' が流れるから一次負荷電流と二次負荷電流の位相差は π となり，大きさの比は巻数比の逆数となる．

3.2 変圧器等価回路

3.2.1 巻線抵抗および漏れ磁束の影響

実際の変圧器では図 **3.6** に示すように一次巻線の抵抗 r_1 および二次巻線の

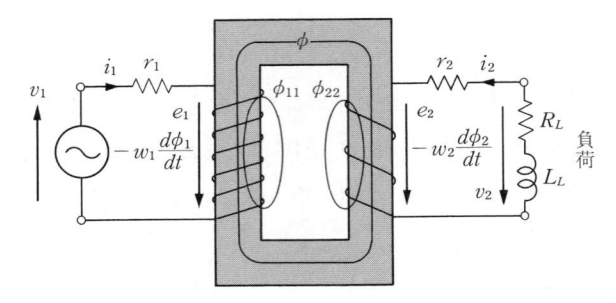

図 3.6 巻線抵抗と漏れ磁束を考慮した変圧器

抵抗 r_2 がある。また，一次巻線および二次巻線と交わる主磁束 ϕ のほか，一次巻線とは交わるが二次巻線とは交わらない磁束 ϕ_{11} や，二次巻線とは交わるが一次巻線とは交わらない磁束 ϕ_{22} を生じる。これらの磁束を**漏れ磁束**（leakage flux）という（ϕ_{11}，ϕ_{12} をそれぞれ一次漏れ磁束，二次漏れ磁束という）。これより，一次巻線と交わる磁束は $\phi_1 = \phi_{11} + \phi$，二次巻線と交わる磁束は $\phi_2 = \phi_{22} + \phi$ となり，これらを考慮した場合，一次巻線回路，二次巻線回路に対し次式が成り立つ。

$$v_1 - r_1 i_1 - w_1 \frac{d(\phi_{11} + \phi)}{dt} = 0 \tag{3.20}$$

$$v_2 + r_2 i_2 + w_2 \frac{d(\phi_{22} + \phi)}{dt} = 0 \tag{3.21}$$

漏れ磁束と電流の関係をインダクタンスを用いて表すと次式が成り立つ。ただし，一次巻線の漏れインダクタンスを L_{11}，二次巻線の漏れインダクタンスを L_{22} とする。

$$w_1 \phi_{11} = L_{11} \cdot i_1 \tag{3.22}$$
$$w_2 \phi_{22} = L_{22} \cdot i_2 \tag{3.23}$$

式(3.22)，(3.23)を式(3.20)，(3.21)に代入すると次式が得られる。

$$v_1 - r_1 i_1 - L_{11}\frac{di_1}{dt} - N_1\frac{d\phi}{dt} = v_1 - r_1 i_1 - L_{11}\frac{di_1}{dt} + e_1 = 0 \tag{3.24}$$

$$v_2 + r_2 i_2 + L_{22}\frac{di_2}{dt} + N_2\frac{d\phi}{dt} = v_2 + r_2 i_2 + L_{22}\frac{di_2}{dt} - e_2 = 0 \tag{3.25}$$

電圧，電流の関係を記号法で表すと次式となる．ただし，$x_1 = \omega L_{11}$, $x_2 = \omega L_{22}$ で，**漏れリアクタンス**（leakage reactance）と呼ぶ（x_1, x_2 をそれぞれ，一次漏れリアクタンス，二次漏れリアクタンスと呼ぶ）．

$$\dot{V}_1 - r_1\dot{I}_1 - jx_1\dot{I}_1 + \dot{E}_1 = 0 \tag{3.26}$$

$$\dot{V}_2 + r_2\dot{I}_2 + jx_2\dot{I}_2 - \dot{E}_2 = 0 \tag{3.27}$$

したがって，漏れ磁束の影響は回路的には漏れリアクタンスでの電圧降下として取り扱うことができることがわかり，巻線抵抗を含め，$\dot{Z}_1 = r_1 + jx_1$ を一次巻線インピーダンス，$\dot{Z}_2 = r_2 + jx_2$ を二次巻線インピーダンスと呼ぶ．

3.2.2 励磁回路

変圧器鉄心内の磁束と電流との関係は実際には図 **3.7** のようになり，飽和およびヒステリシス特性を示す．このため，巻線に正弦波交流電圧を加えた場合，式(3.4)より磁束は正弦波状に変化し，この磁束を発生させるためにひず

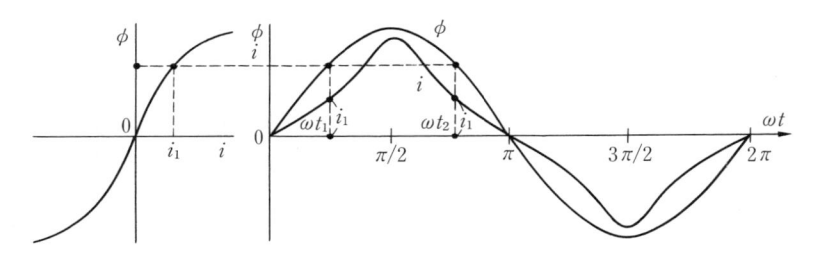

（*a*）飽和特性のみを考慮した場合

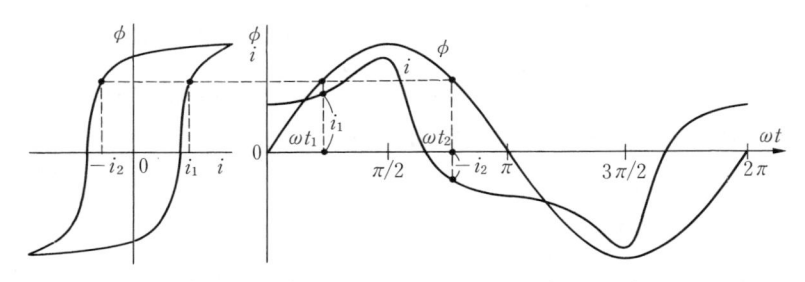

（*b*）飽和特性とヒステリシス特性を考慮した場合

図 **3.7** 磁化特性と励磁電流波形

み波電流が流れる。また，磁束の変化に伴って鉄心内にも起電力を生じて電流が流れることによる電力（渦電流損）を供給するための電流も流れる。これらの電流を合わせたものを**励磁電流**（exciting current）と呼び，ここではこれを，実効値が等しく，電力が鉄心中で生ずる損失に等しい位相角の正弦波交流電流 I_0 で表すこととし，ベクトル図を**図 3.8** に示す。すなわち，励磁電流は供給電圧に対して位相が $\pi/2$ 遅れた磁束を発生するための正弦波電流 I_μ（**磁化電流**（magnetization current）という）と電圧と同相で損失を供給するための正弦波電流 I_w（**鉄損電流**（iron loss current）という）の和で表されるものとする。これらの関係を表す等価回路は**図 3.9** のようになり，次式で表される鉄損電流が流れる励磁コンダクタンス g_0 および磁化電流が流れる励磁サセプタンス b_0 の並列回路となり，これを励磁回路，$\dot{Y}_0 = g_0 - jb_0$ を**励磁アドミタンス**（exciting admittance）と呼ぶ。

$$g_0 = \frac{\dot{I}_w}{\dot{V}_1}, \quad -jb_0 = \frac{\dot{I}_\mu}{\dot{V}_1} \tag{3.28}$$

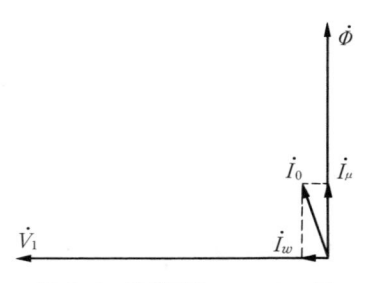

図 3.8　励磁電流のベクトル図　　図 3.9　励磁回路

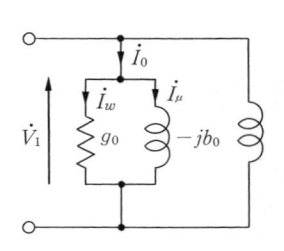

なお，磁化電流と鉄損電流は無負荷であっても流れるから，これらを加えた $\dot{I}_0$ を**無負荷電流**（no-load current）ともいう。

3.2.3　変圧器等価回路

巻線抵抗，漏れ磁束，励磁電流がなく，一次，二次電圧の比は巻数比，電流の比は巻数比の逆数となる変圧器を**理想変圧器**（ideal transformer）といい，鉄心を省略した場合には**図 3.10** のように表す。図において一次，二次巻線

3.2 変圧器等価回路   73

(a)

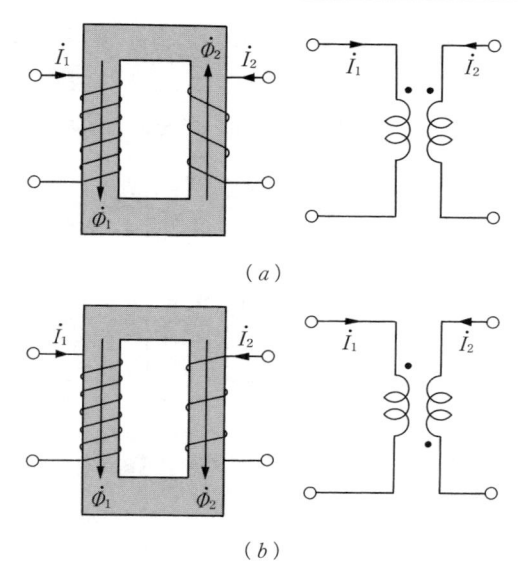

(b)

図 3.10　変圧器巻線の極性

の端につけられた点(・)は巻線の極性を表すためのもので，図(a)では一次電流，二次電流ともに点(・)をつけた側から流入しており，それぞれの起磁力が同じ向きになることを示す．また，図(b)では一次電流は点(・)をつけた側から流入するのに対し，二次電流は点(・)をつけた側から流出しており，それぞれの起磁力が逆向きになることを示す．ここでは，以下図(a)の表現を用いることとする．

3.2.1節で述べたように実際の変圧器では巻線に抵抗があり，電圧降下や抵抗損を生じ，理想変圧器の一次，二次巻線に直列に抵抗を接続することによりこれらを考慮することができる．また，一次，二次巻線に漏れ磁束を生じ誘導起電力に影響を与えるが，理想変圧器の一次，二次巻線に直列にリアクタンスを接続することによりこの影響を考慮することができる．さらに，3.2.2節で述べたように一次巻線には負荷に無関係に磁束を生ずるための磁化電流や鉄損を供給するための鉄損電流が流れるがこれらは，理想変圧器の一次巻線に並列に励磁回路を接続して表すことができる．したがって，負荷インピーダンスを

Z_L とすると実際の変圧器は**図 3.11** のような回路で表すことができ，**変圧器等価回路**（equivalent circuit）と呼び，これを用いて電圧，電流の関係を計算することができる。ここでは記号法を用いてその方法を述べる。

一次巻線供給電圧　V_1
一次巻線誘導起電力　E_1
一次巻線逆起電力　E_1'
一次巻線入力電流　I_1
一次負荷電流　I_1'
励磁電流　I_0
一次巻線インピーダンス　Z_1
二次巻線端子電圧　V_2
二次巻線誘導起電力　E_2
二次負荷電流　I_2
負荷インピーダンス　Z_L
二次巻線インピーダンス　Z_2
励磁アドミタンス　Y_0

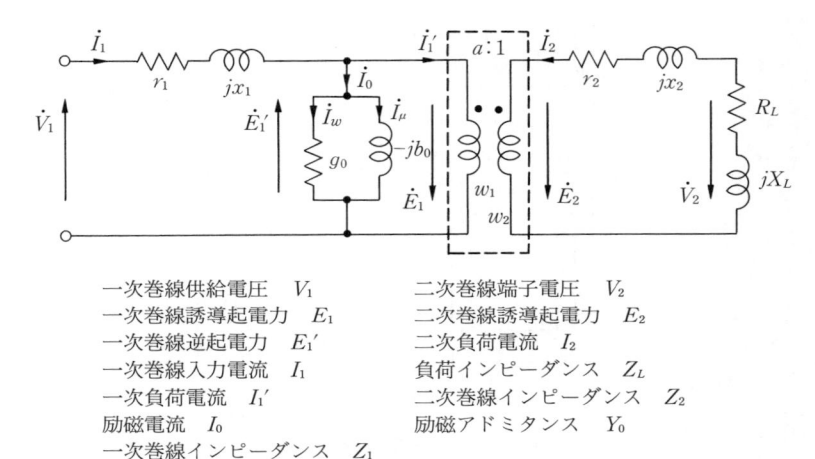

図 3.11　変圧器等価回路

図 3.11 の二次回路では次式が成り立つ。

$$\dot{V}_2 = \dot{Z}_L \dot{I}_2 = \dot{I}_2(R_L + jX_L) \tag{3.29}$$

$$\dot{V}_2 + \dot{Z}_2 \dot{I}_2 - \dot{E}_2 = \dot{Z}_L \dot{I}_2 + \dot{Z}_2 \dot{I}_2 - \dot{E}_2 = 0 \tag{3.30}$$

破線で囲まれた理想変圧器部分では一次誘導起電力と二次誘導起電力，一次負荷電流と二次負荷電流の間に次式が成り立つ。

$$\dot{E}_1 = a\dot{E}_2 \tag{3.31}$$

$$\dot{I}_1' = -\dot{I}_2/a \tag{3.32}$$

一次回路では次式が成り立つ。

$$\dot{I}_0 = -\dot{E}_1 \dot{Y}_0 = -\dot{E}_1(g_0 - jb_0) \tag{3.33}$$

$$\dot{I}_1 = \dot{I}_1' + \dot{I}_0 \tag{3.34}$$

$$\dot{V}_1 - \dot{Z}_1 \dot{I}_1 + \dot{E}_1 = 0 \tag{3.35}$$

これらの電圧，電流の関係を表すベクトル図を**図 3.12** に示す。ただし，$\theta = \tan^{-1} X_L/R_L$ としている。これらの式より，負荷のインピーダンスとこれに

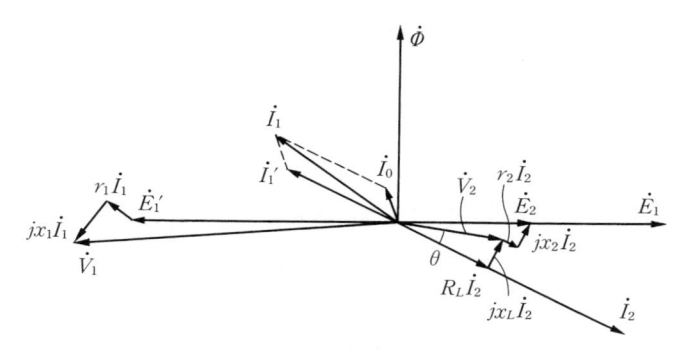

図 3.12 変圧器ベクトル図

供給する電圧が与えられた場合の変圧器に供給すべき電圧，電流が計算できる。すなわち負荷が接続されると二次巻線に二次負荷電流が流れ，負荷電圧に二次巻線での電圧降下を加えたものが二次誘導起電力となる。また，一次巻線には二次電流を巻数比で除した一次負荷電流と励磁電流を加えた一次電流が流れる。

理想変圧器の一次誘導起電力は二次誘導起電力を巻数比倍したものになり，これに一次巻線での電圧降下を加えたものが一次側に供給すべき電圧となる。

図 3.11 の等価回路では変圧器は一次側と二次側の 2 個の回路で表されるため計算が複雑となる。これを 1 個のみの回路で表すことができれば計算が容易となり便利であることが考えられ，ここでは，二次側を一次側に等価変換する方法について述べる。二次巻線の巻数のみを a 倍すると一次巻線の巻数と等しくなり，この場合の二次誘導起電力 E_2' は次式となる。

$$\dot{E}_2' = a\dot{E}_2 \tag{3.36}$$

二次巻線の巻数を a 倍しても起磁力が変化しないためには二次負荷電流 I_2' は次式のようになる必要がある。

$$\dot{I}_2' = \dot{I}_2/a \tag{3.37}$$

したがって，この場合の二次回路の全インピーダンスは次式となる。

$$\dot{Z}_2' + \dot{Z}_L' = \frac{\dot{E}_2'}{\dot{I}_2'} = \frac{a\dot{E}_2}{\dot{I}_2/a} = a^2\frac{\dot{E}_2}{\dot{I}_2} = a^2(\dot{Z}_2 + \dot{Z}_L) \tag{3.38}$$

この場合の変圧器二次側等価回路を図 **3.13** に示す。ここで，$E_2' = aE_2 = E_1$，$I_2' = I_2/a = -I_1'$ であり，理想変圧器の2個のコイル部分の電圧，電流は等しくなるため直接接続することができ，変圧器等価回路は理想変圧器部分を取り除いた図 **3.14** のような1個の回路で表すことができる。これを，二次側を一次側に変換した変圧器等価回路と呼ぶ。さらに，実際の変圧器では励磁電流は一次負荷電流に比べて小さく，また，一次巻線のインピーダンスでの電圧降下は一次誘導起電力に比べて小さく，V_1 と E_1' の差は少ない。このため，励磁アドミタンスの位置を図 **3.15** のようにしても電圧，電流の関係に大きな違いは生じない。この場合の電圧，電流の関係は次式となる。

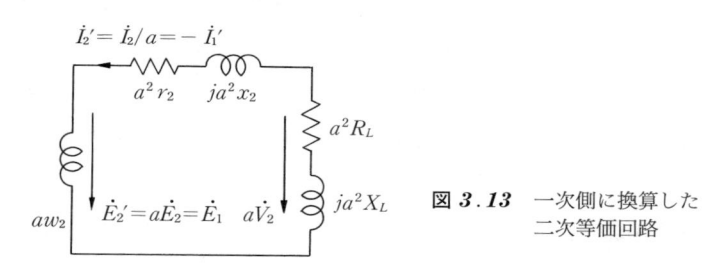

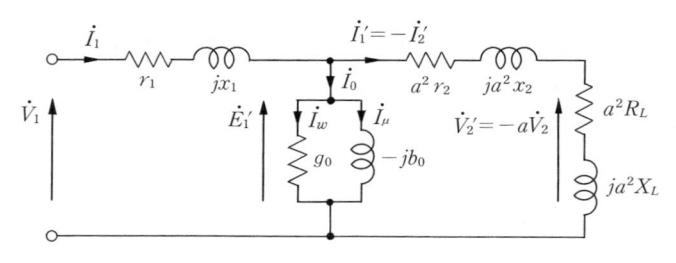

図 **3.13** 一次側に換算した二次等価回路

図 **3.14** 二次側を一次側に変換した変圧器等価回路

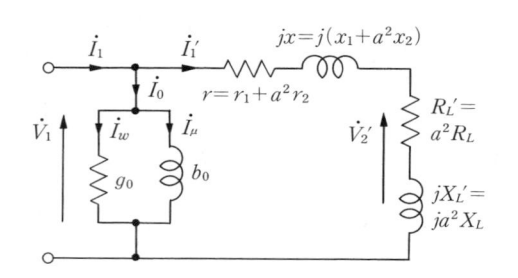

図 **3.15** 変圧器簡易等価回路

3.2 変圧器等価回路 77

$$\dot{V_2}' = -a\dot{V_2} \tag{3.39}$$

$$\dot{I_1}' = -\dot{I_2}/a \tag{3.40}$$

$$\dot{I_0} = \dot{V_1}\dot{Y_0} = \dot{V_1}(g_0 - jb_0) \tag{3.41}$$

$$\dot{I_1} = \dot{I_1}' + \dot{I_0} \tag{3.42}$$

$$\dot{V_1} - (\dot{Z_1} + \dot{Z_2}')\dot{I_1}' - \dot{V_2}' = 0 \tag{3.43}$$

このように図 3.15 を用いると，電圧，電流の計算が容易となるため，精密な値を必要とせず概略を把握したい場合に使用され，**簡易等価回路** (approximate equivalent circuit) と呼ばれ，これに対して図 3.14 の回路を精密等価回路ともいう。

電気回路では変圧器は相互インダクタンスを用いた回路として表される。図 3.16 のように一次，二次巻線の自己インダクタンスを L_1, L_2, 相互インダクタンスを M とすると次式が成り立つ。

$$L_1 \cdot i_1 = w_1(\phi_{11} + \phi), \quad M \cdot i_1 = w_2 \cdot \phi \tag{3.44}$$

$$L_2 \cdot i_2 = w_2(\phi_{22} + \phi), \quad M \cdot i_2 = w_1 \cdot \phi \tag{3.45}$$

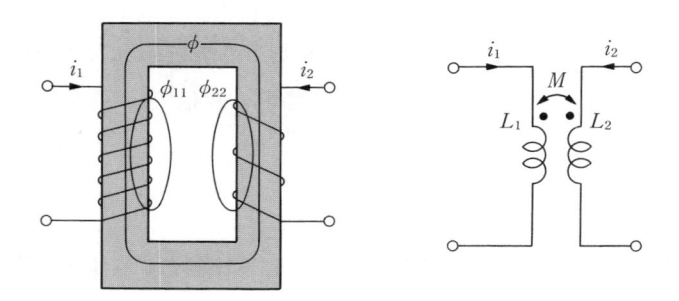

図 3.16 相互インダクタンス回路

一次巻線の漏れインダクタンス L_{11}，二次巻線の漏れインダクタンス L_{22} を用いると $w_1 \cdot \phi_{11} = L_{11} \cdot i_1$，$w_2 \cdot \phi_{22} = L_{22} \cdot i_2$ であり，また $\phi = M \cdot i_1/w_2 = M \cdot i_2/w_1$ であることから次式が得られる。

$$L_1 \cdot i_1 = i_1(L_{11} + M \cdot a)$$

$$L_2 \cdot i_2 = i_2(L_{22} + M/a)$$

78　3. 変　圧　器

したがって，一次，二次巻線の漏れインダクタンス L_{11}, L_{22} は次式となる。

$$L_{11} = L_1 - M \cdot a \tag{3.46}$$

$$L_{22} = L_2 - M/a \tag{3.47}$$

これより，一次，二次巻線の漏れリアクタンス，励磁サセプタンスと自己インダクタンス，相互インダクタンスとの間にはつぎの関係が成り立つ。

$$x_1 = \omega(L_1 - M \cdot a) \tag{3.48}$$

$$x_2 = \omega(L_2 - M/a) \tag{3.49}$$

$$b_0 = 1/\omega(L_1 - L_{11}) = 1/a\omega M \tag{3.50}$$

なお，磁束の漏れの程度を表すために次式の k が用いられ**結合係数**（coupling coefficient）と呼ばれる。

$$k = \frac{M}{\sqrt{L_1 L_2}} \tag{3.51}$$

3.2.4　等価回路定数の測定

〔1〕**巻線抵抗測定**　抵抗の測定は直流電源を用いブリッジを使用するかまたは電圧降下法により行う。測定時の温度が t〔℃〕，測定抵抗値が r_t〔Ω〕とすると使用時の巻線温度 T〔℃〕における抵抗 r は次式で表される。なお，基準巻線温度は絶縁の種類などで異なり，A種では $T = 75℃$, F種では $T = 115℃$ とする。

$$r = \frac{234.5 + T}{234.5 + t} r_t \quad〔Ω〕 \tag{3.52}$$

〔2〕**無負荷試験**　図 3.17(a) のように変圧器の二次側を解放して無負

（a）測定回路　　　　　　（b）等価回路

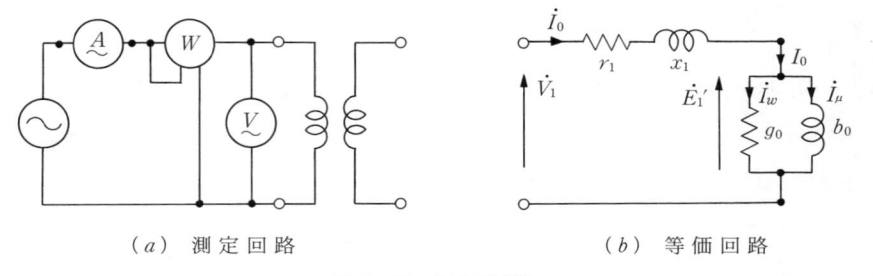

図 3.17　無負荷試験

荷状態とし，一次側に電圧計 V，電流計 A および低力率用電力計 W を接続して定格電圧 V_1 を加え，電流 I_0 および電力 P_0 を測定する。これを**無負荷試験**（no-load test）という。無負荷時の変圧器等価回路は図(b)のようになり，一次巻線のインピーダンスでの電圧降下は小さく $V_1 \fallingdotseq E_1'$ と考えられる。また，電力 P_0 は無負荷損と呼ばれ，鉄損のほか励磁電流による銅損が含まれるが，実際には励磁電流は定格電流の数%程度と小さいため銅損の割合はきわめて小さいと考えられる。したがって次式により励磁コンダクタンス g_0，励磁サセプタンス b_0 を求めることができる。

$$g_0 = \frac{P_0}{V_1^2} \text{ [S]}, \quad b_0 = \sqrt{\left(\frac{I_0}{V_1}\right)^2 - \left(\frac{P_0}{V_1^2}\right)^2} \text{ [S]} \qquad (3.53)$$

〔**3**〕**短絡試験**（short-circuit test）　図 **3.18**(a) のように変圧器の二次側を短絡し，一次側に電圧計 V，電流計 A および電力計 W を接続し，一次側に低電圧を加え，電流が定格値になるように調整して電圧 V_{1s}，電流 I_{1s} および電力 P_s を測定する。これを**短絡試験**（short circuit test）という。低電圧であるために励磁回路の電流はきわめて小さく無視できるから，短絡時の変圧器等価回路は図(b)のようになり，次式により二次側を一次側に換算した全巻線抵抗 r，漏れリアクタンス x を求めることができる。

$$r = r_1 + a^2 r_2 = \frac{P_s}{I_{1s}^2} \text{ [Ω]}$$

$$x = x_1 + a^2 x_2 = \sqrt{\left(\frac{V_{1s}}{I_{1s}}\right)^2 - \left(\frac{P_s}{I_{1s}^2}\right)^2} \text{ [Ω]} \qquad (3.54)$$

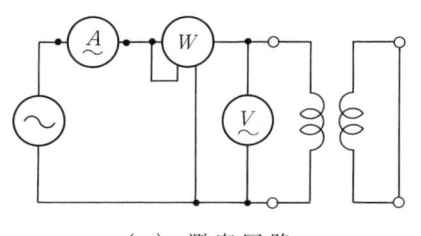

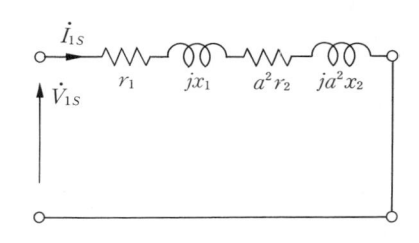

(a)　測定回路　　　　　　　　(b)　等価回路

図 **3.18**　短絡試験

3.3 変圧器特性

　変圧器を実際に使用するに当たって知っておかなければならない性質を変圧器特性という。ここでは先に求めた等価回路を用い，変圧器の特性について述べる。

3.3.1 定　　　格

　変圧器を運転する場合に特性の悪化，温度上昇に伴う寿命の低下さらには機器の焼損などの点から，守らなければならない使用限度があり，これを**定格** (rating) と呼び，定格周波数，**定格電圧** (rated voltage) (定格一次電圧，定格二次電圧)，**定格電流** (rated current) (定格一次電流，定格二次電流)，**定格容量** (rated capacity) 等が定められている。なお，定格二次電圧に巻数比を乗じたものが定格一次電圧，定格電圧と定格電流の積が定格容量 (=定格一次電圧×定格一次電流=定格二次電圧×定格二次電流) となり，[VA], [kVA] または [MVA] で表す。なお，以下では定格値には各記号に n を付けて表すこととする。

3.3.2 電　圧　変　動　率

　実際の変圧器には，巻線抵抗や漏れ磁束などがあるため，負荷が接続され，そのインピーダンスが変化して負荷電流が増減すると電圧降下等により負荷に供給される電圧は変動する。電圧の低下は例えば照明器具の光度の低下や電動機出力の減少を招き，上昇はこれらの機器の寿命を短縮させる等の影響を及ぼすため，その大きさを把握しておく必要がある。

　変圧器の二次側に定格電圧で定格電流 I_{2n} が流れるような負荷（定格負荷）を接続し，二次端子電圧が定格電圧 V_{2n} になるように一次供給電圧 V_1 を調整した後，一次供給電圧 V_1 は一定で無負荷 ($Z_L \to \infty$, $I_2 = 0$) としたときの二次端子電圧を V_{20} とすると**電圧変動率** (voltage regulation) ε は次式で定義

される。

$$\varepsilon = \frac{V_{20} - V_{2n}}{V_{2n}} \times 100 \% \tag{3.55}$$

この電圧変動率を，変圧器の二次側を一次側に換算した簡易等価回路を用いて求めることとし，定格負荷時の電圧，電流のベクトル図を**図 3.19** に示す。ただし，二次側を一次側に換算した場合の全巻線抵抗を $r = r_1 + a^2 r_2$，全漏れリアクタンスを $x = x_1 + a^2 x_2$ とし，負荷電流の位相が負荷端子電圧より θ だけ遅れている場合（遅れ力率負荷）を示している。

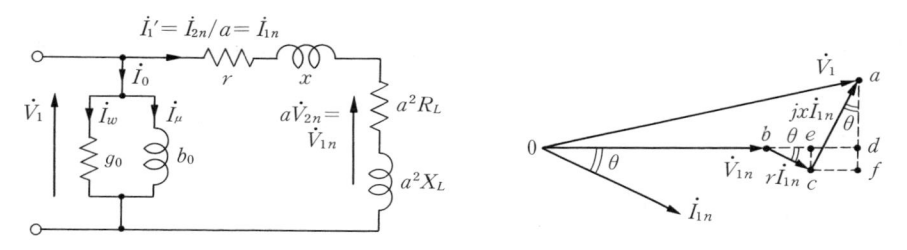

図 3.19 簡易等価回路とベクトル図

ここで，$aV_{20} = V_1$，$aV_{2n} = V_{1n}$ であることより次式が成り立つ。

$$\varepsilon = \frac{V_1 - V_{1n}}{V_{1n}} \times 100 = \left(\frac{V_1}{V_{1n}} - 1\right) \times 100 \tag{3.56}$$

ベクトル図において，つぎの関係が成り立つ。

$$0a^2 = 0d^2 + ad^2 = (0b + be + ed)^2 + (af - df)^2 \tag{3.57}$$

$$0a = V_1 \tag{3.58}$$

$$0b = V_{1n}, \quad be = rI_{1n} \cdot \cos\theta, \quad ed = cf = xI_{1n} \cdot \sin\theta \tag{3.59}$$

$$af = xI_{1n} \cdot \cos\theta, \quad df = ec = rI_{1n} \cdot \sin\theta \tag{3.60}$$

定格電流における巻線抵抗での電圧降下の定格電圧に対する割合を百分率で表したものを**百分率抵抗降下**（percentage resistance drop），定格電流におけるリアクタンスでの電圧降下の定格電圧に対する割合を百分率で表したものを**百分率リアクタンス降下**（percentage reactance drop）と呼び，これらをそれぞれ p，q とすると次式となる。

$$p = \frac{rI_{1n}}{V_{1n}} \times 100\,\%, \quad q = \frac{xI_{1n}}{V_{1n}} \times 100\,\% \tag{3.61}$$

式(3.58)〜式(3.61)を式(3.57)に代入すると次式が得られる。

$$\left(\frac{V_1}{V_{1n}}\right)^2 = \left(1 + \frac{p\cos\theta}{100} + \frac{q\sin\theta}{100}\right)^2 + \left(\frac{q\cos\theta}{100} - \frac{p\sin\theta}{100}\right)^2$$

$$= a^2\left\{1 + \left(\frac{b}{a}\right)^2\right\} \tag{3.62}$$

ただし

$$a = \left(1 + \frac{p\cos\theta}{100} + \frac{q\sin\theta}{100}\right) \quad b = \left(\frac{q\cos\theta}{100} - \frac{p\sin\theta}{100}\right)$$

ここで，実際の変圧器では $p/100$，$q/100$ は 1 に比べて小さく，$c = b/a$ とすると $c \ll 1$ であるから二項定理を用いると $(1+c^2)^{1/2} \fallingdotseq 1 + c^2/2$ となり，式(3.62)は次式となる。

$$\frac{V_1}{V_{1n}} = a(1+c^2)^{1/2} \fallingdotseq a\left(1 + \frac{c^2}{2}\right) = a + \frac{b^2}{2a}$$

さらに，第2項で $a \fallingdotseq 1$ とすると次式が得られる。

$$\frac{V_1}{V_{1n}} = a + \frac{b^2}{2} \tag{3.63}$$

式(3.63)を式(3.56)に代入すると，電圧変動率は実用上は次式で表すことができる。

$$\varepsilon = p\cos\theta + q\sin\theta + \frac{(q\cos\theta - p\sin)^2}{200} \quad [\%] \tag{3.64}$$

なお，特に精度を必要としない場合は次式が使用される。

$$\varepsilon = p\cos\theta + q\sin\theta \quad [\%] \tag{3.65}$$

一例として実際の配電用変圧器では電圧変動率は力率が 1 の場合，小容量のものでは数％以下，容量が大きくなると 2 ％以下になるように製作される。

3.3.3 損失および効率

〔**1**〕**損　　失**　1.4.2項で述べたように鉄心中の磁束が変化すると，ヒステリシス損 P_h と渦電流損 P_e を生じ，熱に変換され，これらを**鉄損**（iron loss)と呼ぶ。なお，これは，負荷の有無に関係なく無負荷時であっても発生するために無負荷損とも呼ばれる。鉄心の単位質量当りのヒステリシス損 P_h' は次式で表される。ただし，δ_h は材質の種類により定まる定数である。

$$P_h' = \delta_h f B_m^2 \quad [\text{W/kg}] \tag{3.66}$$

また，鉄心中の磁束が変化すると巻線だけでなく鉄心中にも起電力が発生し，これにより電流が流れ渦電流損を生ずる。式(3.8)のように誘導起電力の大きさは周波数と磁束に比例し，渦電流損は誘導起電力の2乗に比例するため，単位質量当りの渦電流損 P_e' は次式で表される。ただし，δ_e は材質の種類，厚さなどにより定まる定数で薄いものほど小さくなる。

$$P_e' = \delta_e (f B_m)^2 \quad [\text{W/kg}] \tag{3.67}$$

したがって，変圧器の鉄損 P_i はこれらの値と鉄心質量 G〔kg〕から求めることができ，次式となる。ただし，K はビルディングファクタと呼ばれ，実際に材料を加工して鉄心を製作した場合に加わる応力や鉄心中の磁束の不均一，磁束波形ひずみなどにより鉄損が増加するため，その割合を示すもので，$K = 1.1$ から 1.3 程度となる。

$$P_i = P_h + P_e = K(P_h' + P_e')G \quad [\text{W}] \tag{3.68}$$

なお，商用周波数では一般にヒステリシス損の割合が大きい。

また，一次，二次巻線に電流が流れた場合に生ずる抵抗損を**銅損**（copper loss）と呼ぶ。変圧器の一次巻線の抵抗を r_1〔Ω〕，二次巻線の抵抗を r_2〔Ω〕，一次電流を I_1〔A〕，二次電流を I_2〔A〕，一次巻線銅損を P_{c1}，二次巻線銅損を P_{c2} とすると，全銅損 P_c は次式となる。

$$P_c = P_{c1} + P_{c2} = r_1 I_1^2 + r_2 I_2^2 = r_1 I_1^2 + r_2(aI_1)^2 = r I_1^2 = r' I_2^2 \quad [\text{W}]$$
$$r = r_1 + a^2 r_2, \quad r' = r_1/a^2 + r_2 \tag{3.69}$$

なお，巻線抵抗は使用温度により変化し，温度補正した値が用いられる。

このほか，負荷電流が流れると変圧器鉄心を固定する金具，ボルト，外箱などの漏れ磁束が増加し，渦電流が流れて損失となり，これを**漂遊負荷損**（stray-load loss）と呼ぶ。実際には漂遊負荷損は，鉄損や銅損に比べ小さく無視できることが多い。銅損や漂遊負荷損は負荷時に発生するために負荷損と

も呼ばれる。

〔2〕効率　変圧器には以上に述べたような損失があるため，電気エネルギーの流れは**図3.20**のようになる。負荷に供給される電力，すなわち出力電力 P_{out} に全損失を加えたものが電源から供給される電力すなわち入力電力 P_{in} となり，この入力電力に対する出力電力の比を効率という。変圧器では損失の割合は小さく，入力電力と出力電力の差は少ないため，次式で求めることにより正確な値が得られる。

$$\eta = \frac{出力}{入力} \times 100 \, [\%] = \frac{出力}{出力 + 全損失} \times 100 \, [\%] \qquad (3.70)$$

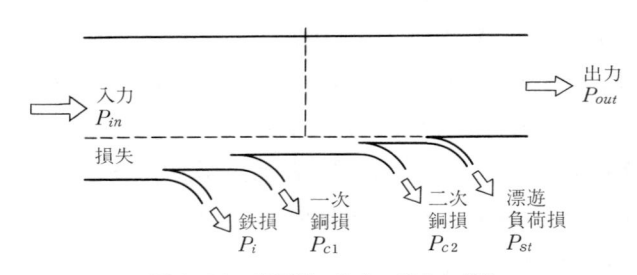

図3.20　変圧器の入力，出力と損失

ここで，負荷に供給される電圧を V_2，電流を I_2，力率を $\cos\theta$ とすると出力電力は $P_{out} = V_2 I_2 \cos\theta$ であり，効率は次式となる。

$$\eta = \frac{V_2 I_2 \cos\theta}{V_2 I_2 \cos\theta + P_i + r' I_2^2} \times 100 \, [\%] \qquad (3.71)$$

出力電圧，負荷力率は一定で負荷電流を変化した場合の効率の変化を調べる。式(3.71)の分子，分母を I_2 で割ると次式となる。

$$\eta = \frac{V_2 \cos\theta}{V_2 \cos\theta + P_i/I_2 + r' I_2} \times 100 \, [\%]$$

これより，$P_i/I_2 + r' I_2$ が最小となる場合に効率は最大となり，この条件はつぎのようにして求めることができる。

$$\frac{d(P_i/I_2 + r' I_2)}{dI_2} = -P_i/I_2^2 + r' = 0$$

$$P_i = r' I_2^2 \qquad (3.72)$$

すなわち，負荷力率は一定で負荷電流 I_2 を変化させた場合の損失，効率の変化は**図 3.21**のようになり，銅損が鉄損と等しくなるような負荷電流において効率は最大となることがわかる。ここで，定格出力を P_{on}，定格出力時の銅損 P_{cn} と鉄損 P_i の比 $P_{cn}/P_i = LR$ とすると効率が最大となる出力 P_{oM} は次式となる。

$$P_{oM} = P_{on}/\sqrt{LR} \tag{3.73}$$

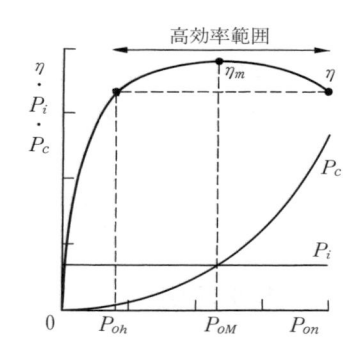

図 3.21 出力と効率

また，定格出力時の効率と等しい効率となる出力 P_{oh} が存在して次式となる。

$$P_{oh} = P_{on}/LR \tag{3.74}$$

P_{on} から P_{oh} の範囲を高効率運転範囲と考えることができ，LR が大きいほどこの範囲は広くなるが定格出力時の効率は減少するため 5 から 10 程度に選ばれる。

変圧器の負荷は一般に時間とともに変化し，変圧器の 1 日の変化の状態の一例は**図 3.22**のようになる。そこで，変圧器を効率よく運転するには 1 日の出力電力の積算値 W_{out} と入力電力の積算値 W_{in} との比を大きくする必要があり，次式で表される**全日効率**（all day efficiency）η_d が用いられる。ただし，W_c は 1 日の銅損の積算値，P_i は無負荷損（鉄損）である。

$$\eta_d = \frac{W_{out}}{W_{in}} = \frac{W_{out}}{W_{out} + 24P_i + W_c} \times 100 \, [\%] \tag{3.75}$$

全日効率を大きくするには高効率範囲を広くし，かつ，最大効率が高いこと

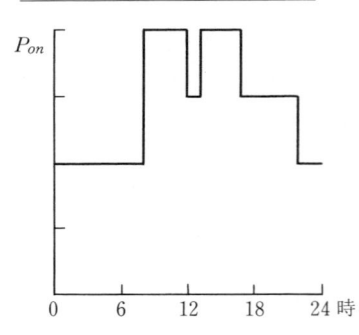

図 3.22 変圧器の負荷の変化

が重要で，鉄損を少なくするように変圧器を設計する必要があり，負荷の変化範囲が大きく軽負荷での運転時間が長いほどこの傾向は顕著となる。

変圧器の効率の実際の値は容量により異なり，容量が大きくなるほど高くなり数〔kVA〕のもので97％程度で大容量のものでは99％を超えるものもある。

3.4 変圧器の構造

変圧器本体は磁気回路を構成する鉄心と電気回路を構成する一次，二次巻線およびこれらを絶縁する絶縁物からなり，その構成法により分類される。また，変圧器を運転中には鉄損，銅損を生じて温度が上昇するため冷却する必要であり，その方式により各種のものがある。ここでは，これらの各種変圧器の構造について述べる。

3.4.1 変圧器の基本構成

変圧器は鉄心と巻線の位置関係により**図 3.23**のように**内鉄形変圧器**（core type transformer）と**外鉄形変圧器**（shell type transformer）に分けられる。内鉄型は図(a)のように鉄心を巻線が包む形になり，巻線が設けられる鉄心部分を**脚鉄**（leg），脚鉄間を接続する部分を**継鉄**（yoke）と呼ぶ。なお，実際には漏れ磁束を少なくするために一次，二次巻線はそれぞれの巻数の半分ずつを両方の脚に分けて巻き，鉄心と巻線間の絶縁を容易にするため，低圧側

3.4 変圧器の構造　87

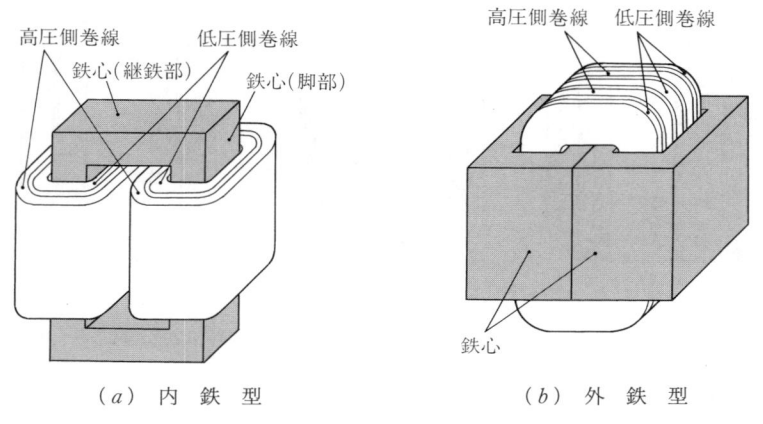

(a) 内鉄型　　　　　　(b) 外鉄型

図 3.23　変圧器本体の構造

の巻線を鉄心に近い側に配置する。また，外鉄型は図(b)のように内鉄型の場合の鉄心と巻線の位置を反対にしたものとなり，この場合にも低圧側の巻線を鉄心に近い側に配置する。

3.4.2　鉄心および巻線

変圧器鉄心としては，透磁率が大きく，飽和磁束密度が高く，鉄損が少ないことが必要とされる。電力用では鉄に数％以下のけい素を加え，これを 0.3 mm 程度の厚さにし，表面を絶縁したけい素鋼板を**図 3.24** のように成層構造にしたものが使用される。これは，渦電流を少なくして鉄損を軽減するためである。図(a)はけい素鋼板を切断したものを積み重ねたもので**積み鉄心**（laminated core）と呼ばれ，短冊形に切断したものや方向性けい素鋼板の特性を生かすため磁束の方向がつねに磁化の容易な方向に一致するように額縁形に切断したものが使用される。また，小容量のものでは図(b)のような方向性けい素鋼帯を用いた**巻鉄心**（wound-core）を U 形に切断したものなどが用いられる。

鉄心断面の形状を**図 3.25** に示す。小容量のものでは製作の容易さや同じ断面積に対して冷却面積を大きくとる点から図(a)のような長方形のものが用

88　3. 変　圧　器

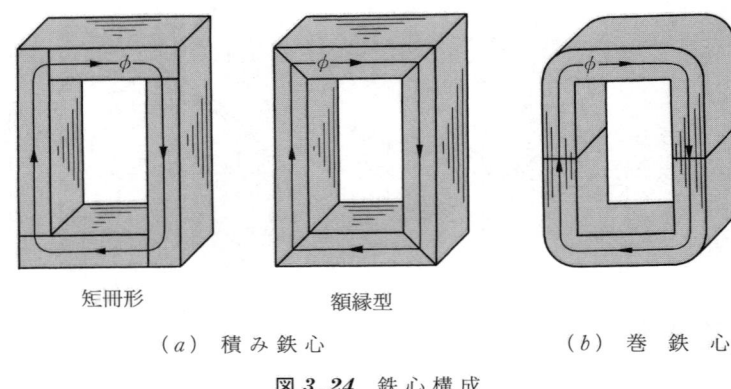

矩冊形　　　　　額縁型
(a) 積み鉄心　　　　　　　(b) 巻鉄心

図 3.24　鉄心構成

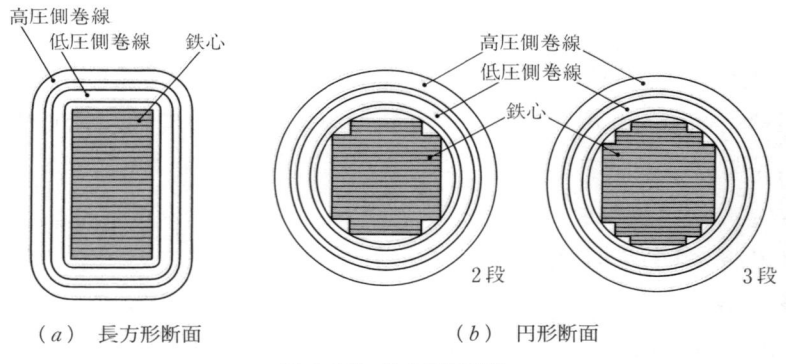

(a) 長方形断面　　　　　(b) 円形断面

図 3.25　鉄心断面形状

いられる。これに対し，中，大容量のものでは同じ面積に対して鉄心の周囲の長さを短くし，コイルの長さを減少させて経済的にするため，図(b)のような幅の異なるけい素鋼板を用いた円に内接する多辺形とする。なお，成層鉄心とした場合の鉄心の見かけの断面積に対して実際に鉄が占める割合を**占積率**(space factor) と呼び，0.91 から 0.98 程度となる。

　導体には断面が円形の丸線と断面が長方形の平角銅線があり，断面積が小さい場合には製作の容易な丸線が使用され，断面積の大きなものが必要な場合には平角線が用いられる。巻線を製作するには特に小容量の変圧器では絶縁被覆を施した導体を絶縁した鉄心の上に直接巻く直巻が使用される。容量が大きく

なると鉄心とは別に巻型を用いてその上に絶縁被覆を施した導体を巻き，絶縁した後に別に製作した鉄心に組み立てる型巻が使用され，鉄心と同時に製作が進められる利点がある．型巻には図 **3.26** のように**円筒コイル**（cylindrical coil）や**円形板コイル**（disc coil）がある．円筒コイルは導体を同心円筒状に巻いたもので製作の容易さから比較的小容量の場合に使用され，円形板コイルは導体を半径方向に同心円状に巻いたものを積み重ねたもので，機械的強度等の点から容量の大きなもので使用される．また，外鉄型では長方形板コイルが使用される．

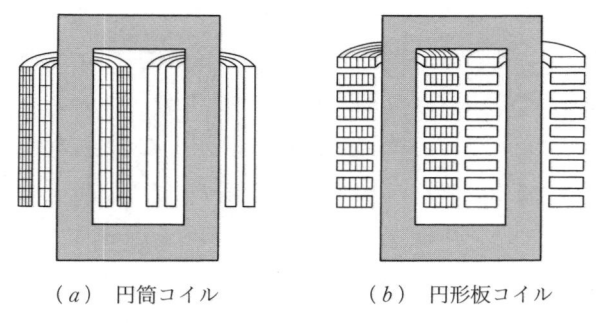

（a）円筒コイル　　　（b）円形板コイル

図 **3.26** 巻線構造

鉄心，巻線間，巻線相互間は，絶縁紙，プレスボードなどの絶縁物を用いて絶縁する．

3.4.3 変圧器付属設備

電力用変圧器では本体のほかに各種の付属設備が必要となる．変圧器を屋外などで使用する場合には変圧器本体を外箱と呼ばれる容器に入れ，油中に浸して用いられる．変圧器油としては絶縁耐力が高いことが必要である．大容量のものでは，油の膨張収縮のため外箱内に外気中の湿気が出入りする呼吸作用により油が劣化するのを防ぐための装置として**コンサベータ**（conservator）が設けられる．また，巻線端子を外箱の外に導き出すための絶縁端子として**ブッシング**（bushing）が用いられる．簡単なものでは導体の周囲に磁器をかぶせ

た単一ブッシングが使用されるが，高圧のものでは磁器と導体の間に絶縁油を満たした油入ブッシングや導体の周囲に絶縁紙と金属泊を交互に巻き付けてコンデンサを形成させたコンデンサブッシングが使用される。

3.4.4 冷却方式

変圧器の鉄心で生ずる鉄損および巻線で生ずる銅損は熱に変換され，鉄心，巻線，絶縁物等の温度を上昇させる。周囲との間に温度差を生ずると熱が放散され，放散する熱量は周囲との温度差，冷却面積に比例し，比例定数は周囲の媒体などの冷却条件で決まる。発生する熱量と放散する熱量が等しくなると一定温度となるから，冷却面積や条件が同一の場合には発生する熱量が多いほど温度差すなわち温度上昇は大きくなる。変圧器の出力を増加すると銅損が増加して温度上昇が大となり，百数十度を超えて使用すると絶縁材料の絶縁耐力が劣化して寿命に大きな影響を与えるから変圧器の出力は温度上昇で制限されることになる。

変圧器の設計に当たって，鉄心の磁束密度を高くとると鉄心材料が節約されて小型，軽量化され経済的になるが磁気飽和を生じて励磁電流が大きくなり鉄損も増大するため最適値が存在し，1.5〜1.7 T 程度に選ばれる。また，導体の単位面積当りの電流すなわち電流密度を大きくすると断面積は小さくなり経済的になるが銅損が増加して温度上昇が大となるため最適値が存在し，2〜3 A/mm² 程度に選ばれる。このため，周波数を一定とした場合，変圧器の寸法と容量との間にはつぎのような関係がある。

例えば，寸法のみをすべて2倍にして他の条件は同一とした相似形の変圧器では鉄心断面積は4倍となるため磁束，したがって電圧は4倍となる。また，導体断面積も4倍となるため電流も4倍になり，容量は16倍になる。この場合，単位質量当りの鉄損は変化しないから全鉄損は質量に比例して8倍となり，巻線抵抗は1/2倍になるため銅損も8倍となり全損失は8倍となる。材料価格は質量に比例し8倍になるから容量当りの材料価格は1/2倍で経済的となり，効率も向上する。

一方，発生熱量は8倍であるのに対し，冷却面積は4倍であるため温度上昇は2倍となる。したがって温度上昇を同一として許容値以内にするためには単位面積から放散する熱量を2倍にしなければならないから，容量の大きなものほど冷却条件を向上させる必要があり，つぎのような各種の**冷却方式**（cooling system）が用いられている。

まず，鉄心，巻線などの本体を冷却する媒体の種類により，油入式と乾式に分けられる。変圧器本体を外箱内に入れ絶縁油中に浸すものを**油入変圧器**（oil immersed transformer）といい，絶縁油中に浸さず空気などにより冷却するものを**乾式変圧器**（dry-type transformer）と呼ぶ。

乾式変圧器は屋内，地下変電室などのように火災防止の点から油の使用を嫌う場所で使用することを目的としたもので，発生した熱は放射および対流により周囲の空気に放散され，自然対流による自冷式と送風機を用いて強制対流を行わせる風冷式に分けられる。自然対流の場合には放射により放散される熱量と対流により放散される熱量は同程度で，温度上昇1kにつき1m²当りから放散される熱量すなわち熱伝達係数はいずれも数W/m²k程度と小さいため自冷式は小容量のものに使用される。これに対し，強制対流を行うと対流による熱伝達が増加するから，容量が大きくなると風冷式が使用される。

油入式変圧器は対流による熱伝達係数が100W/m²k以上に増加するため，冷却効果が大きくなり，絶縁も良好となるため電力用で広く用いられ，**図3.27**のような種類のものがある。

油入自冷式変圧器（oil immersed self-cooled transformer）は本体を冷却する油および外箱を冷却する空気のいずれも自然対流とする方式で保守が容易であるため小容量の配電用変圧器に用いられる。容量の比較的大きなもので外箱表面だけでは冷却面積が足りない場合には，外箱に波形放熱板や，油の通る放熱パイプを取り付けたり，放熱器などを設けて冷却面積を増加させる。

油入風冷式変圧器（oil immersed forced-air-cooled transformer）は油入自冷式変圧器の放熱器に送風機で空気を送り，強制対流させる方式で，中容量変圧器に用いられる。

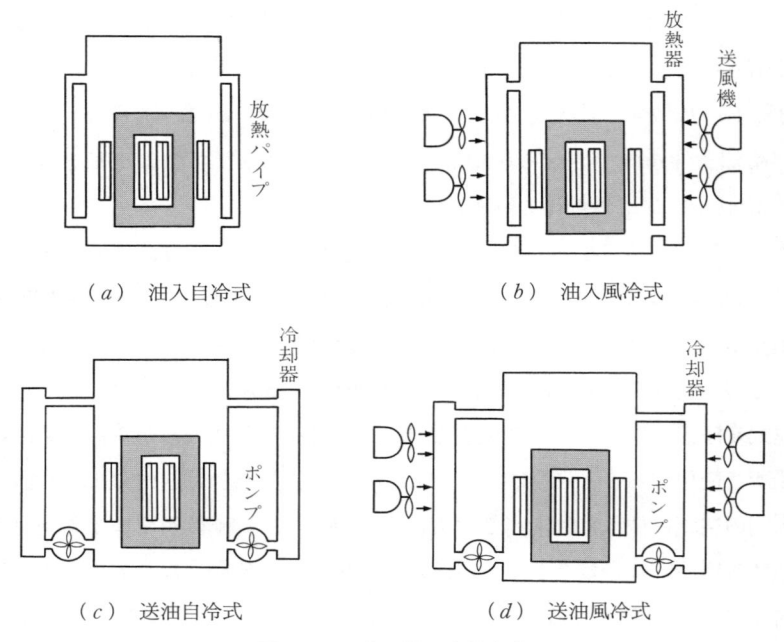

(a) 油入自冷式　　(b) 油入風冷式
(c) 送油自冷式　　(d) 送油風冷式

図 3.27　変圧器の冷却方式

送油自冷式変圧器（forced-oil-self cooled transformer）は外箱内の油をポンプにより上部から取り出し，強制対流により冷却器内に導き，冷却器は空気の自然対流で冷却する方式である。

送油風冷式変圧器（forced-oil-forced-air cooled transformer）は外箱内の油をポンプにより上部から取り出し，強制対流により冷却器に導き，冷却器は送風機で空気を強制対流させて冷却する方式で大容量変圧器で用いられる。

3.5　変圧器の結線

3.5.1　変圧器の極性

変圧器の並行運転をする場合や単相変圧器を三相結線する場合には電池の直並列接続の場合と同様に一次，二次巻線の誘導起電力の瞬時の方向すなわち極

性を考慮して接続する必要がある。**図 3.28**(a)のように誘導起電力の方向が同じである場合を**減極性**(subtracive polarity)，図(b)のように逆の場合を**加極性**(additive polarity)と呼び，それぞれ図のような端子記号をつけて表す。ただし，U, V は高圧側，u, v は低圧側を示す。

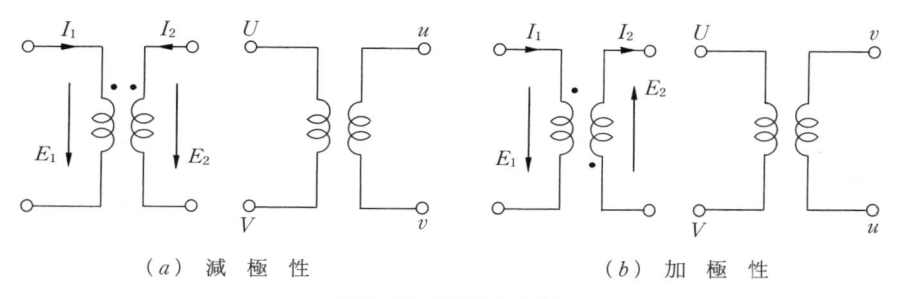

(a) 減 極 性 　　　　　(b) 加 極 性

図 3.28　変圧器の極性

極性を測定するには**図 3.29**のような接続をして高圧側に交流電圧 V_1 を供給し，V-v 間に接続された電圧計の指示 V を測定する。このとき，$V < V_1$ であれば減極性となる。

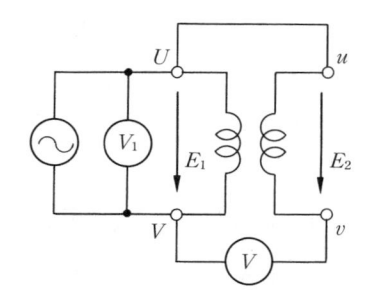

図 3.29　極性試験

3.5.2　単相変圧器の三相結線

電力系統では三相交流が用いられており，単相変圧器を用いて三相交流の変圧を行う場合には容量が同一で巻線インピーダンス，励磁電流などが等しいものを 2 個または 3 個使用した**三相結線**(three-phase connection)が用いられ，以下のような種類がある。

〔**1**〕 **Y-Y 結 線**　図 $3.30(a)$ のように変圧器の一次側, 二次側ともに**星形結線** (star connection) とするもので, 一次線間電圧を基準としたベクトル図を図 (b) に示す。

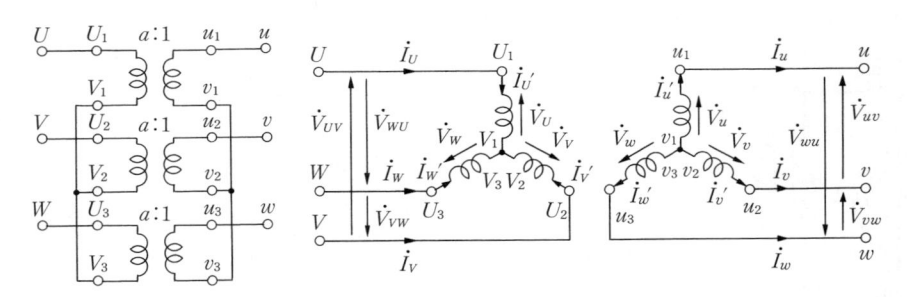

(a) 接　続　図

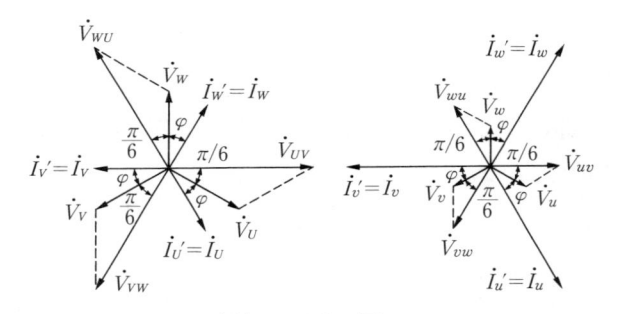

(b) ベクトル図

図 3.30　Y-Y 結線

　変圧器の一次端子電圧 V_U は一次線間電圧 V_{UV} の $1/\sqrt{3}$ となり, これと大きさが等しく方向が反対の起電力が一次側に誘導される。二次側には一次誘導起電力を巻数比で除した起電力が誘導され, 二次線間電圧 V_{uv} は変圧器の二次端子電圧 V_u の $\sqrt{3}$ 倍となる。負荷が接続されると変圧器の二次側には線電流 I_u に等しい電流 I_u' が流れる。変圧器の一次側には二次電流を巻数比で除した大きさの電流 I_U' が流れ, 線電流 I_U は変圧器一次電流と等しくなる。これより, Y-Y 結線では次式が成り立ち, 一次線間電圧は二次線間電圧と同相となる。

$$V_{uv} = \sqrt{3}\,V_u = \sqrt{3}\,V_U/a = V_{UV}/a$$

$$I_u = I_u' = aI_U' = aI_U \tag{3.76}$$

三相結線された一組の変圧器をバンクと呼ぶ．バンクの容量は次式となり，変圧器1個の容量 $V_U I_U'$ の3倍となる．

$$\sqrt{3}\,V_{UV}I_U = \sqrt{3}\sqrt{3}\,V_U I_U' = 3V_U I_U' \tag{3.77}$$

〔**2**〕 **Δ-Δ 結 線**　図 **3.31**(a) のように変圧器の一次側，二次側ともに**三角結線**（delta connection）とするもので，ベクトル図を図(b)に示す．変圧器の一次端子電圧は一次線間電圧と等しくなり，二次線間電圧は二次端子電圧と等しく一次線間電圧を巻数比で除したものとなる．負荷が接続されると変圧器の二次側には線電流の $1/\sqrt{3}$ 倍の電流が流れる．変圧器の一次側には二次電流を巻数比で除した大きさの電流が流れ，一次線電流は変圧器一次電流の $\sqrt{3}$ 倍で二次線電流を巻数比で除したものと等しくなる．これより，Δ-Δ 結線

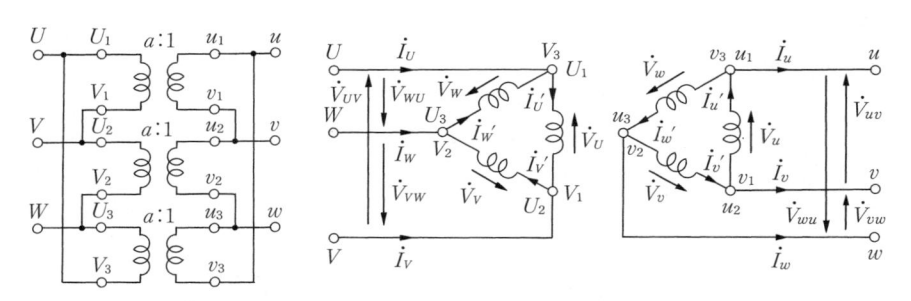

(a) 接 続 図

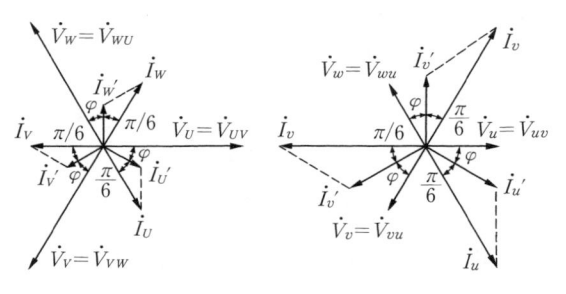

(b) ベクトル図

図 **3.31**　Δ-Δ 結線

では次式が成り立ち，一次線間電圧は二次線間電圧と同相となる．

$$V_{uv} = V_u = V_U/a = V_{UV}/a$$
$$I_u = \sqrt{3}I_u' = \sqrt{3}aI_U' = aI_U \tag{3.78}$$

〔**3**〕 **Y-Δ 結 線**　　図 **3.32**(a)のように変圧器の一次側を星形，二次側を三角結線とするもので，ベクトル図を図(b)に示す．Y-Δ 結線では次式が成り立ち，一次線間電圧と二次線間電圧の間に $\pi/6$ の位相差を生ずる．

$$V_{uv} = V_u = V_U/a = V_{UV}/\sqrt{3}a$$
$$I_u = \sqrt{3}I_u' = \sqrt{3}aI_U' = \sqrt{3}aI_u \tag{3.79}$$

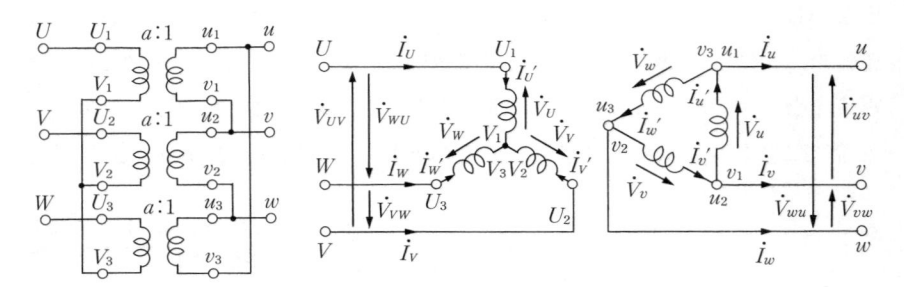

(a) 接　続　図

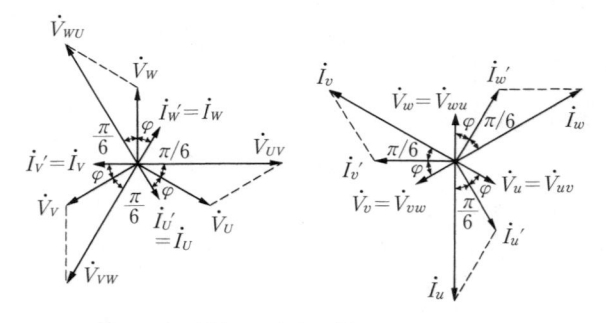

(b) ベクトル図

図 **3.32**　Y-Δ 結線

〔**4**〕 **Δ-Y 結 線**　　図 **3.33**(a)のように変圧器の一次側を三角，二次側を星形結線とするもので，ベクトル図を図(b)に示す．Δ-Y 結線では次式が成り立ち，一次線間電圧と二次線間電圧の間に $\pi/6$ の位相差を生ずる．

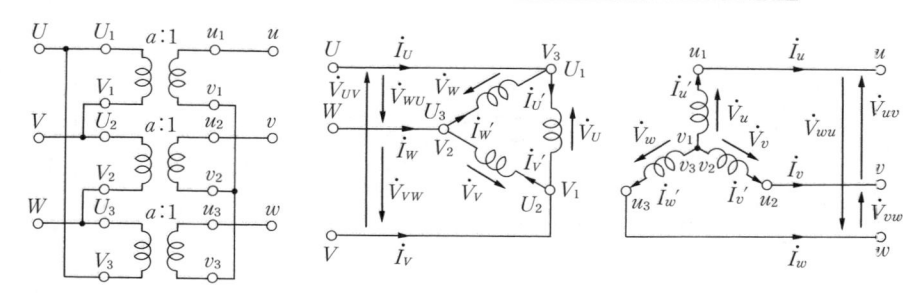

(a) 接続図

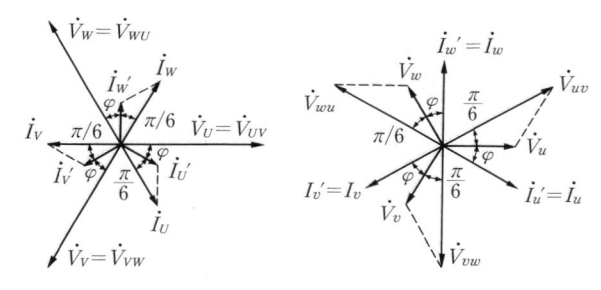

(b) ベクトル図

図 3.33 Δ-Y 結線

$$V_{uv} = \sqrt{3}V_u = \sqrt{3}V_U/a = \sqrt{3}V_{UV}/a$$
$$I_u = I_{u'} = aI_{U'} = aI_U/\sqrt{3} \tag{3.80}$$

〔5〕**V 結 線**(V connection) 3個の変圧器をΔ-Δ結線したもののうち1個を取り除き，**図 3.34**(a)のように結線した場合の二次側線間電圧は次式となる。

$$V_{uv} = V_u, \quad V_{vw} = V_v, \quad V_{wu} = -(V_u + V_v) = V_w \tag{3.81}$$

これより，そのままで三相交流の変圧を行うことができ，このような結線をV結線といい，Δ-Δ結線で1台の変圧器が故障した場合や，将来負荷の増加が予想されΔ-Δ結線とする場合の配電系統で使用される。この場合，容量が$V_U I_U$の変圧器を2個用いているのに対してバンクの容量は$\sqrt{3}V_U I_U$となるから変圧器の利用率は$\sqrt{3}V_U I_U/2V_U I_U = \sqrt{3}/2$となる。

〔6〕**3相結線の比較** Y-Y結線では中性点を接地することができ，変

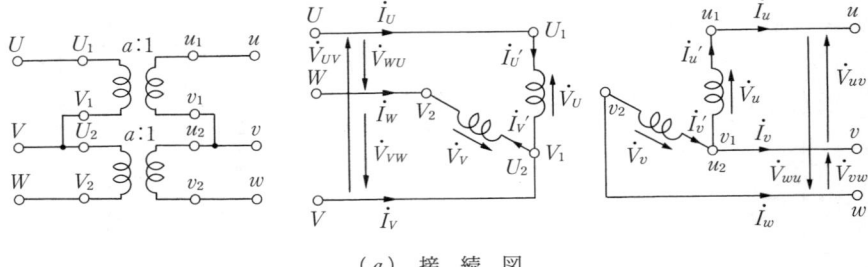

(*a*) 接 続 図

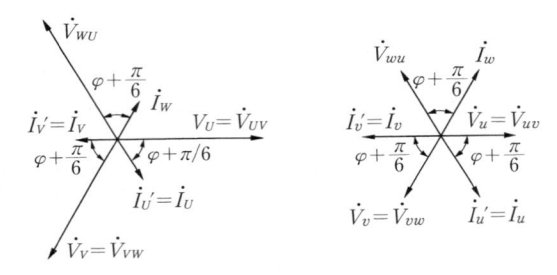

(*b*) ベクトル図

図 3.34 V 結 線

圧器端子電圧は線間電圧の $1/\sqrt{3}$ になり絶縁を容易にできる利点がある。しかしながら，3.2.2項で述べたように変圧器励磁電流は波形ひずみを生じ，高調波成分を含み，図 3.35 のように各相の3倍高調波成分 i_{U3}, i_{V3}, i_{W3} は同相となり，合成したものは0とならないため中性点を接地した場合には線路に流れ，付近の通信線に誘導障害を与える。また，中性点が接地されていない場合には第3高調波成分は流れることができないため，図 3.36 のように磁束波形 ϕ に従って変圧器端子電圧 v に第3高調波が含まれ波形ひずみを生ずる。Y-Y結線はこのような欠点があるため実際には使用されない。

 Δ-Δ結線では3倍高調波成分は三角結線内を循環し，線路に流れない利点があるが，中性点を接地することができず，絶縁の点で不利になる。このため低電圧配電用として用いられる。また，1台の変圧器が故障しても出力を減少すればV結線として使用できる利点がある。

 Δ-Y結線とY-Δ結線はいずれもY結線側で中性点接地ができ，3倍高調

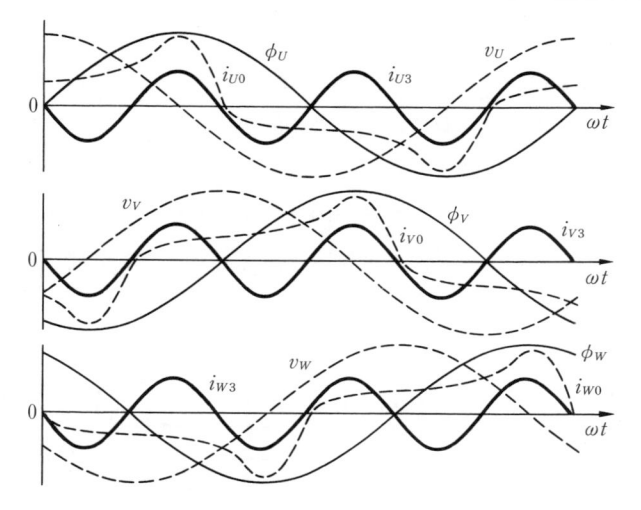

図 3.35 Y-Y 結線励磁電流

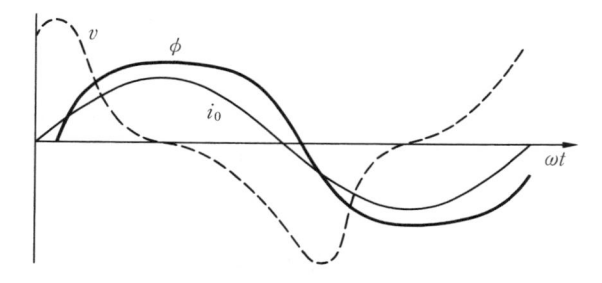

図 3.36 非接地時 Y-Y 結線誘導起電力波形

波成分は三角結線内を循環するため線路に流れない利点があり，送配電系統で用いられる．なお，高圧側を星形にすると絶縁の点で有利となるため，Y-Δ 結線は高電圧を低電圧に，Δ-Y 結線は低電圧を高電圧に変換する場合に適する．

3.5.3 変圧器の並行運転

負荷の増加のために変圧器容量が不足するようになった場合や，負荷の変化範囲が広く，つねに高効率範囲で変圧器を動作させ経済的な運転をさせたい場

合には，図 **3.37** のように 2 個以上の変圧器の一次および二次側を並列に接続して使用する場合があり，これを**並行運転**（parallel operation）という。この場合，各変圧器には容量に比例した電流が流れるようにして負荷を分担させること，および並列接続された変圧器内に循環電流が流れないようにすることが大切である。このため，各変圧器の極性をあわせて接続するとともに，各変圧器の巻数比が等しいこと，％抵抗降下，％リアクタンス降下が等しいことなどが必要である。

(a) 接続図　　　(b) 等価回路

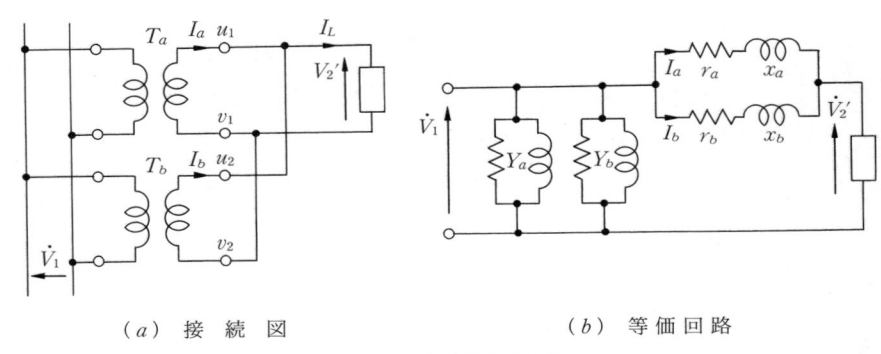

図 **3.37** 変圧器の並行運転

3.6 各種の変圧器

3.6.1 単巻変圧器

図 **3.38** のように二次巻線を設けず，一次巻線の一部を用いて必要な電圧を得るようにしたものを**単巻変圧器**（auto-transformer）という。a-b の部分を直列巻線，b-c の部分を共通巻線といい，それぞれの巻数を w_a, w_b とすると，各巻線の端子電圧 V_a, V_b は次式となる。

$$\frac{\dot{V}_a}{\dot{V}_b} = \frac{w_a}{w_b} \tag{3.82}$$

したがって，巻線インピーダンスにおける電圧降下を無視した場合，一次電圧と二次電圧の間には次式が成り立つ。

(a) 接続図 (b) 等価回路

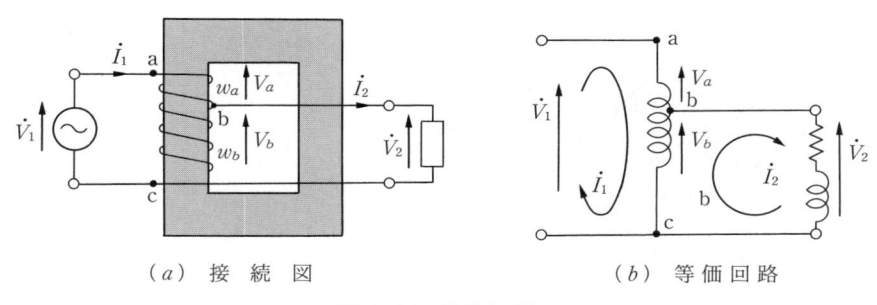

図 3.38 単巻変圧器

$$\frac{\dot{V}_1}{\dot{V}_2} = \frac{w_a + w_b}{w_b} = a \tag{3.83}$$

また，励磁電流を無視した場合，$I_1(w_a + w_b) = I_2 w_b$ であることより一次電流と二次電流の間には次式が成り立つ。

$$\frac{\dot{I}_1}{\dot{I}_2} = \frac{1}{a} \tag{3.84}$$

また，共通巻線部分を流れる電流 I は次式となる。

$$I = I_1 - I_2 = (1 - a)I_1 \tag{3.85}$$

普通の変圧器のように ab 部分と bc 部分を分けて考えた場合には変圧器自身の容量は ab 部分または bc 部分に相当し，$(V_1 - V_2)I_1$ となるから，これを**自己容量**（self-capacity）といい，負荷には $V_2 I_2 = V_1 I_1$ の電力が供給されるからこれを負荷容量という。両者の比は次式となり，巻数比 a が 1 に近いものでは同じ出力でも普通の変圧器に比べて小容量で小型にでき経済的となる利点がある。

$$\frac{自己容量}{負荷容量} = \frac{(V_1 - V_2)I_1}{V_1 I_1} = 1 - \frac{1}{a} \tag{3.86}$$

なお，欠点としては高圧側と低圧側が絶縁されていないことである。

3.6.2 三相変圧器

図 **3.39** のように単相変圧器の一次，二次巻線を一方の鉄心脚に巻いたものを 3 個組み合わせ，一次巻線を三相交流電源に接続する。この場合，各相の

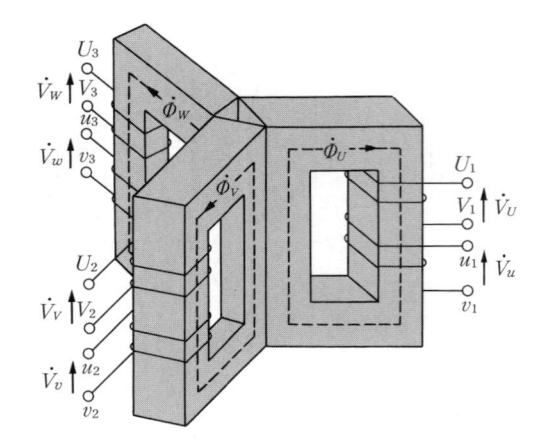

図 3.39 三相変圧器の原理

磁束 Φ_U, Φ_V, Φ_W は大きさが等しく位相が $2\pi/3$ ずつ異なるからその和は 0 となり，他方の鉄心脚は不必要となり，**図 3.40** のようにすることができる。このような変圧器を**三相変圧器**（three-phase transformer）と呼び，単相変圧器を 3 個用いる場合に比べ，鉄心が小型化され鉄損が減少して高効率となる，鉄心材料費が少なくなるとともに外箱内で結線できるためブッシングも節約できて経済的となる，床面積が小さくなるなどの利点がある。なお，単相変圧器 3 個を用いて三相交流の変圧を行う場合には，故障時のために単相変圧器 1 個を備えればよいのに対し，三相変圧器では予備費が高くつく欠点があるが，最近は信頼性の高いものが製作されるようになったこともあり三相変圧器が広く使用されるようになっている。

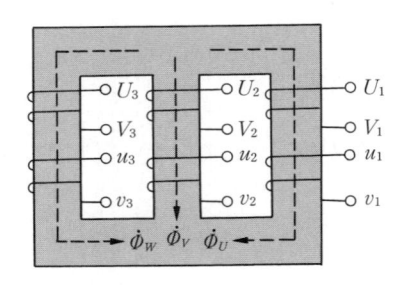

図 3.40 三相変圧器

3.6.3 計器用変成器

交流の高電圧，大電流の測定を容易にかつ安全にするために使用する変圧器を**計器用変成器**（instrument transformer）と呼び，電圧を測定するための**計器用変圧器**（voltage transformer）と電流を測定するための**変流器**（current transformer）がある。

〔1〕 **計器用変圧器** 図 3.41 のように変圧器の一次側を測定回路に接続し，二次側に電圧計を接続する。測定回路の電圧は電圧計の指示値に巻数比をかけて求めることができ，一般に 110 V の電圧計が使用される。構造は普通の変圧器と同じであるが，測定を正確にするために特に巻線インピーダンスが小さく，励磁電流が少なくなるように製作する必要がある。

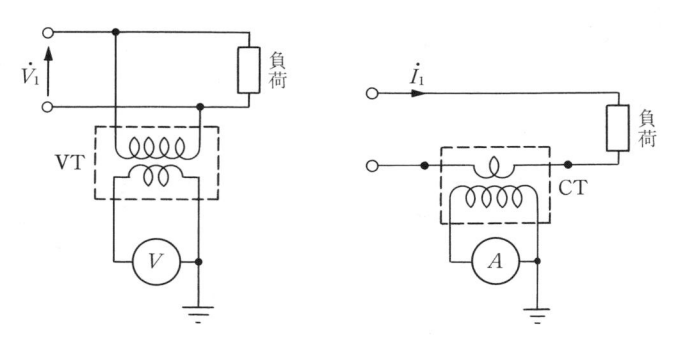

図 3.41　計器用変圧器　　図 3.42　変流器

〔2〕 **変流器** 図 3.42 のように変圧器の一次巻線を測定回路に直列に接続し，二次側に電流計を接続する。電流計は一般に 5 A のものが使用される。一次巻線の巻数が数回のものと 1 回（1 本の導体）のものがあり，大電流回路では 1 回のものが使用される。測定を正確にするには特に，透磁率が大きく，鉄損の少ない鉄心材料を用い，最大磁束密度を低くとることにより励磁電流を小さくする必要がある。変流器の一次電流は測定回路の条件で決まり，二次側に電流計を接続すると一次電流による起磁力を打ち消すように二次電流が流れる。したがって，二次側を開くと一次電流が励磁電流となり大きな起電力を発生して危険である。

コーヒーブレイク

変圧器の高効率，低騒音化

最近，環境問題が重要視されているが変圧器においては，省エネルギーを図り，地球温暖化防止を実現する点から高効率化が重要とされている。また，快適な居住環境を得る点から変電所の変圧器の低騒音化が必要とされている。

図 $3.43(a)$ のように変圧器は電気エネルギーを高効率で輸送，配分するのに必要不可欠なものである。しかしながら，総需要電力量の数％が送配電損失となり，そのうち約 20％すなわち，総需要電力量の 1％程度が変圧器の鉄損であり，これは，大きな発電所いくつかの発電量に相当する。このため，鉄損の少ない鉄心材料開発の努力が現在も続けられている。

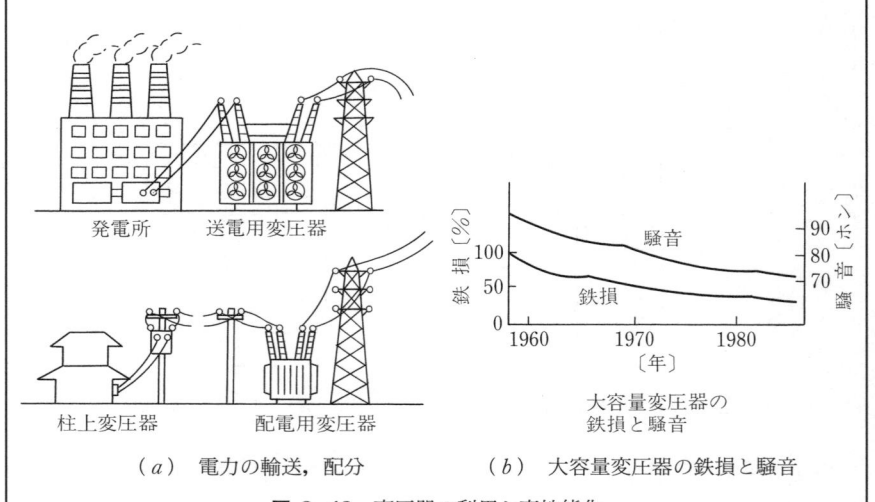

（a） 電力の輸送，配分　　（b） 大容量変圧器の鉄損と騒音

図 3.43　変圧器の利用と高性能化

変圧器が製作されたのは 19 世紀後半であり，そのころすでに閉磁路の積鉄心型が有効であることが示され，現在のものの原型ができているが，鉄心材料として軟鉄が使用されており鉄損が大きいことが問題となっていた。これに対し，1900 年頃，鉄に数％以下のけい素を加えたけい素鋼板が優れた磁気特性を示すことが発見され鉄損は激減している。1950 年頃特定の磁化方向に対して磁気特性の優れた方向性けい素鋼板が開発され，さらに大幅な特性改善が行われ，現在変圧器の大部分は方向性けい素鋼板が使用されている。

一方，変圧器の騒音は，磁界が加わることにより磁性材料が伸縮する磁歪現象

がそのおもな原因となっている．したがって，変圧器の低騒音化を図るには騒音防止対策を講ずるとともに磁歪の小さな鉄心材料を用いる必要がある．この点でもけい素鋼板は優れた特性を示し，磁歪を零にした材料も開発されており，進歩の状況を図 $3.43(b)$ に示す．

演 習 問 題

【1】 断面積 $S = 10 \text{ cm}^2$，平均磁気回路の長さ $L = 50 \text{ cm}$，透磁率 $\mu = 0.02$ H/m の鉄心に，一次巻数 $w_1 = 300$ 回のコイルを施した変圧器に $v = \sqrt{2} \cdot V \cos \omega t$ [V]，$V = 100$ V，$\omega = 100\pi$ rad/s の電圧を加えた場合について以下の問に答えよ．

(1) 磁束の最大値 Φ_m および磁束密度の最大値 B_m を求めよ．

(2) 一次コイルのインダクタンス L_1 および励磁電流の実効値 I_o を求めよ．

【2】 単相変圧器の二次側に $R = 5\,\Omega$ の負荷を接続し，一次側に $V_1 = 1\,000$ V を供給した場合の一次電流は $I_1 = 2$ A であった．巻数比 a を求めよ．ただし，変圧器は理想変圧器とする．

【3】 巻数比 $w_1/w_2 = a = 2$，一次巻線インピーダンスが $r_1 + jx_1 = 1 + j2\,\Omega$，二次巻線インピーダンスが $r_2 + jx_2 = 0.2 + j0.5\,\Omega$，励磁アドミタンスが $\dot{Y} = g - jb = (0.5 - j2) \times 10^{-3}$ S の変圧器があり，$R_L = 10\,\Omega$ の負荷に $V_2 = 100$ V を供給している場合について以下の問に答えよ．

(1) 二次電流 I_2，二次誘導起電力 E_2，一次誘導起電力 E_1，一次負荷電流 I_1'，励磁電流 I_0，一次電流 I_1，供給電圧 V_1 を求めよ．

(2) 鉄損 P_i，全銅損 P_c，効率 η，電圧変動率 ε を求めよ．

【4】 演習問題3の変圧器の簡易等価回路を求め，これを用いて一次電流 I_1，供給電圧 V_1 を求めよ．

【5】 定格容量 $P_n = 10$ kVA，定格一次電圧 $V_{1n} = 2\,000$ V，定格二次電圧 $V_{2n} = 100$ V の単相変圧器があり，無負荷試験の結果は $V_1 = 2\,000$ V，$I_{10} = 0.26$ A，$P_0 = 200$ W，短絡試験の結果は $V_{1s} = 100$ V，$I_{1s} = 5$ A，$P_s = 300$ W である．以下の問に答えよ．

(1) 二次側を一次側に換算した簡易等価回路の定数を求めよ．

(2) %抵抗降下 p，%リアクタンス降下 q を求めよ．

【6】 定格容量 $P_n = 1\,\text{kVA}$，定格一次電圧 $V_{1n} = 1\,000\,\text{V}$，定格二次電圧 $V_{2n} = 100\,\text{V}$ の単相変圧器があり，%抵抗降下 $p = 3\%$，%リアクタンス降下 $q = 4\%$ である．以下の問に答えよ．
(1) 遅れ力率 0.8 における電圧変動率 ε と定格出力時の一次供給電圧 V_1 を求めよ．
(2) 進み力率 0.6 における電圧変動率 ε と定格出力時の一次供給電圧 V_1 を求めよ．
(3) 電圧変動率が最大となる負荷の力率と電圧変動率の最大値を求めよ．

【7】 定格一次電圧 $V_{1n} = 100\,\text{V}$，定格周波数 $f_n = 50\,\text{Hz}$ で使用したときの最大磁束密度 $B_{mn} = 1.5\,\text{T}$，鉄損 $P_i = 100\,\text{W}$，渦電流損 $P_{en} = 20\,\text{W}$ の変圧器について以下の問に答えよ．ただし，渦電流損 $P_e = \sigma_e(fB_m)^2$，ヒステリシス損 $P_h = \sigma_h f B_m^2$ とする．
(1) 一次電圧 $V_1 = 110\,\text{V}$，周波数 $f = 50\,\text{Hz}$ で使用したときの最大磁束密度，渦電流損，ヒステリシス損を求めよ．
(2) 一次電圧 $V_1 = 120\,\text{V}$，周波数 $f = 60\,\text{Hz}$ で使用したときの最大磁束密度，渦電流損，ヒステリシス損を求めよ．

【8】 定格容量 $P_n = 10\,\text{kVA}$，定格一次電圧 $V_{1n} = 1\,000\,\text{V}$，定格二次電圧 $V_{2n} = 100\,\text{V}$ の単相変圧器があり，定格出力時の全銅損 $P_{cn} = 320\,\text{W}$，鉄損 $P_i = 80\,\text{W}$ である．以下の問に答えよ．ただし，負荷変化による電圧変動は無視できるとする．
(1) 定格一次電流 I_{1n}，定格二次電流 I_{2n} を求めよ．
(2) 二次電流 $I_2 = I_{2n} \cdot 3/4$，力率 $\cos\theta = 0.8$ の負荷を接続し，定格電圧で使用した場合の銅損 P_c，出力 P_{out}，効率 η を求めよ．
(3) 定格電圧，負荷力率 1 で使用したとき効率が最大となる負荷電流 I_2 および効率の最大値 η_m を求めよ．
(4) 8 時間を定格出力，8 時間を定格出力の 1/2 の出力，8 時間を定格出力の 1/4 の出力で使用したときの全日効率 η_d を求めよ．ただし，負荷力率は 1 とする．

【9】 定格容量 $P_n = 1\,\text{kVA}$，定格一次電圧 $V_{1n} = 1\,000\,\text{V}$，定格二次電圧 $V_{2n} = 100\,\text{V}$ の単相変圧器があり，定格出力時の効率と定格出力の 1/4 の出力における効率が等しく $\eta = 96\%$ である．この変圧器の定格出力時の銅損 P_{cn}，鉄損

P_i を求めよ。ただし，負荷変化による電圧変動は無視できるとする。

【10】 つぎの文の（　）に適当な語を入れよ。

(1) 変圧器は，鉄心と巻線の位置関係により（a）形と（b）形に分けられる。

(2) 変圧器は（c）をもたないため（d）損がなく，損失の大部分は（e）と（f）である。（e）は（g）と（h）に分けられ，（e）の80％は（g）である。なお，（e）は負荷の有無にかかわりなく発生するため（i），（f）は負荷により変化するため（j）とも呼ばれる。

(3) 変圧器は冷却媒体の種類により（k）と（l）に分けられ，大容量のものでは（l）が使用される。

(4) 変圧器の磁束は(m)に比例し，(n)と(o)に反比例する。

(5) 巻数比が $a:1$ である3台の単相変圧器の一次側を星形，二次側を三角結線にして三相交流の変圧を行う場合，一次線間電圧を V_1，一次線電流を I_1 とすると二次線間電圧は（p）V_1，二次線電流は（q）I_1 となり，一次線間電圧と二次線間電圧の間に（r）の位相差を生ずる。なお，3台の単相変圧器を使用する代わりに（s）を用いると（t）および（u）が節約されるため小型，軽量，高効率となる。

4

誘 導 機

　誘導機（induction machine）には誘導電動機と誘導発電機があるが，通常は電動機が多く使用され，交流電動機を代表するものである。誘導電動機は一次巻線に加えられた電気エネルギーを電磁誘導作用によって二次巻線に伝達し，機械エネルギーに変換して二次側を回転させている。また，速度制御によって任意に回転数を変えることができる。

　三相電源で駆動される**三相誘導電動機**（three-phase induction motor）は，工場などで動力用として使用される代表的なものである。また，単相電源で駆動する単相電動機は工業用の他にも家庭用としてきわめて一般的に使用されている。

　誘導発電機は小容量発電所等で用いられる以外はあまり使用されていない。また，誘導機の一つとして誘導電圧調整器があるが，回転機ではなく可変交流電圧を連続的に得るための機器である。

4.1 三相誘導電動機の原理と構造

4.1.1 三相誘導電動機の原理

〔**1**〕 **回転の原理**　　誘導電動機の基本原理を示すのが**アラゴの実験**（Arago's experiment）である。実験の内容は，図 *4.1*(*a*)に示すように，金属製の円板（例えば銅製）に磁石を近づけ矢印の方向に動かすと，円板が磁石と同じ方向にやや遅れた速度で回転するというものである。

　円板が回転する理由はつぎのように説明される。図(*b*)に示すように，磁石が移動することによって，磁石の前方では磁束が増加し，後方では減少する。この磁束の変化によって電磁誘導作用による起電力が磁石の前後の円板中にお

4.1 三相誘導電動機の原理と構造

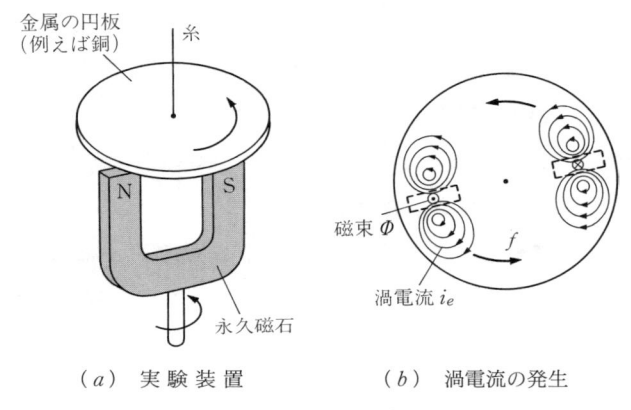

(a) 実験装置　　(b) 渦電流の発生

図 **4.1** アラゴの実験

いて発生し，さらに渦電流 i_e が流れる。この渦電流と磁石の磁束 Φ との間でフレミングの左手の法則に従う電磁力 f が回転方向に発生し，回転トルクを生じるからである。

つぎに，アラゴの実験の円板を図 **4.2** に示すような回転円筒に換える。磁極を円周方向に速度 N_s で回転すると，円筒中に vBl の法則（フレミングの右手の法則）に基づく速度起電力 e が生じる。この起電力によって e と同方向に電流 i が流れ，iBl の法則（フレミングの左手の法則）による力 f が導体に作用する。さらに，f の接線成分と回転体の半径 r によるトルク τ が磁極と同じ方向に速度 N で円筒を回転させる。なお，$N_s = N$ となった場合は相対速度 $v = N_s - N = 0$ となるため，速度起電力が生じなくなり，力も発生し

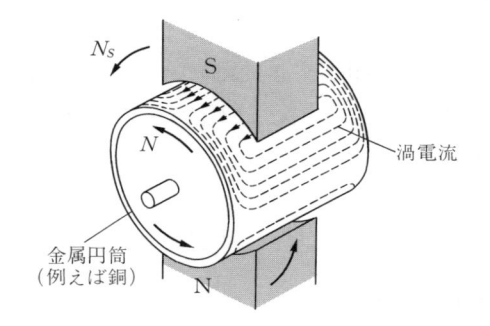

図 **4.2** 誘導電動機の回転原理

ない。したがって，回転を継続するためには $N_s > N$ であることが必要である。以上が**誘導電動機**（induction motor）の回転原理である。

〔**2**〕**回 転 磁 界**　実際の誘導電動機では磁極を回転させるのではなく，磁束の方向が時間とともに回転する，すなわち**回転磁界**（rotating field）を発生することによって同じ働きをさせている。

回転磁界について説明する。**図 4.3** のように**固定子**（stator）と呼ぶ固定された鉄製円筒の内側にスロット（溝）を設ける。なお，内部の回転体を**回転子**（rotor）という。

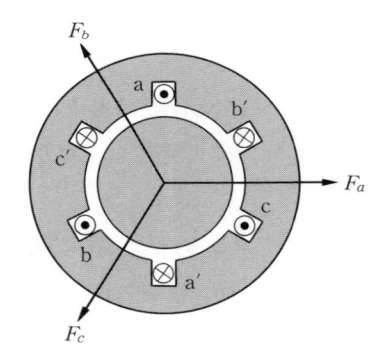

図 4.3　三相巻線（磁極数 2）

a，b，c の三つのコイルに，図 **4.4**(*a*)に示す $2\pi/3$ rad ずつ位相の遅れた i_a，i_b，i_c の平衡対称三相電流を供給したときの各電流による起磁力を

$$F_a = F_m \cos \omega t$$
$$F_b = F_m \cos (\omega t - 2\pi/3) \quad\quad\quad (4.1)$$
$$F_c = F_m \cos (\omega t - 4\pi/3)$$

とする。これらの起磁力はたがいに $2\pi/3$ rad ずらして配置されたコイルによるものであり，合成起磁力 F はつぎのようになる。なお，cos 項は時間的な変化を示し，sin 項は空間的な大きさを表している。

$$F = \dot{F}_a + \dot{F}_b + \dot{F}_c = F_m \cos \omega t \sin \theta$$
$$+ F_m \cos (\omega t - 2\pi/3) \sin (\theta - 2\pi/3)$$
$$+ F_m \cos (\omega t - 4\pi/3) \sin (\theta - 4\pi/3)$$

4.1 三相誘導電動機の原理と構造

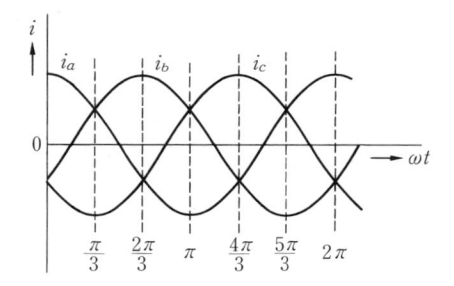

(a) 三相電流

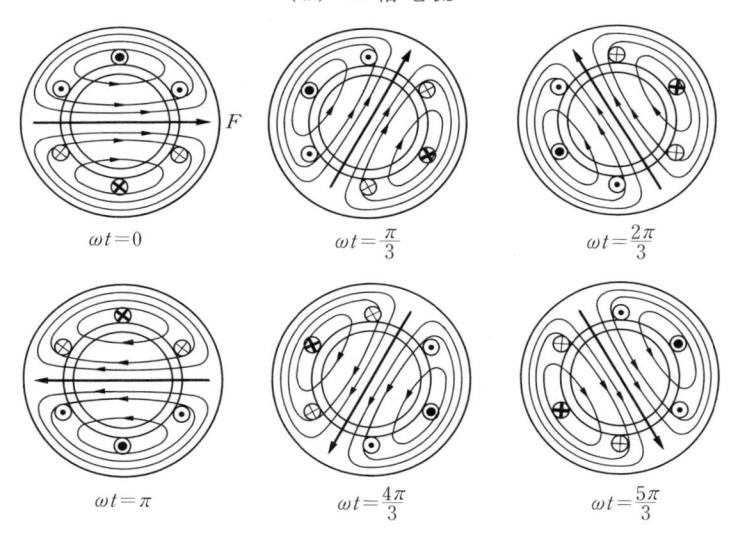

(b) 合成磁界

図 **4.4** 回転磁界

$$= \frac{F_m}{2}\sin(\theta - \omega t) + \frac{F_m}{2}\sin(\theta + \omega t)$$

$$+ \frac{F_m}{2}\sin(\theta - \omega t) + \frac{F_m}{2}\sin(\theta + \omega t - 4\pi/3)$$

$$+ \frac{F_m}{2}\sin(\theta - \omega t) + \frac{F_m}{2}\sin(\theta + \omega t - 2\pi/3)$$

$$= \frac{3}{2}F_m\sin(\theta - \omega t) = \frac{3}{2}F_m e^{j\omega t} \tag{4.2}$$

これは $(3/2)F_m$ という大きさが一定の合成起磁力が一定の角速度 ω で回転することを示している。

磁気回路の鉄心部の磁気抵抗を無視し，ギャップがすべて一様であるとすればギャップの磁束密度は起磁力に比例する。したがって，三相巻線で作られる合成磁束は式(4.2)の合成起磁力に比例することになる。

三相巻線による合成起磁力を式(4.2)で数式的に表現したが，時間の経過に伴う磁束の変化の様子を示したのが**図 4.4 (b)** である。合成磁束の向きが時間とともに変化し，**図 4.5** に示すように仮想磁極を回転させていることに等しいことが理解できる。このように磁界の方向が時刻とともに回転するものを回転磁界と呼んでいる。また，**図 4.5** のように三相巻線を施した場合は，等価的に極数が2の場合に相当すると考えられる。

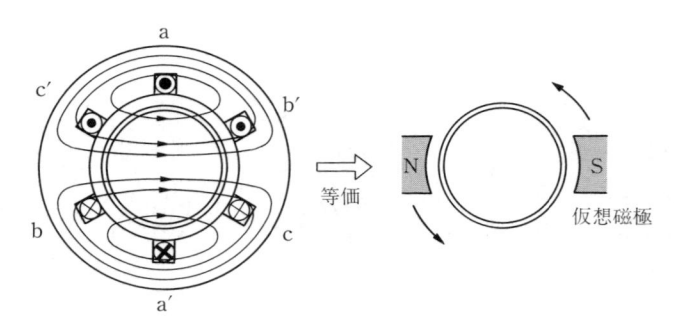

図 4.5　三相巻線（磁極数 2）

第5章において詳細に述べるが，このときの磁界の回転速度を N_s [rpm] とすれば，電源周波数 f [Hz] と極数 p により次式のようになる。

$$N_s = \frac{120f}{p} \quad \text{[rpm]} \tag{4.3}$$

このように，N_s は電源周波数と極数によって定まることから**同期速度** (synchronous speed) と呼ばれる。また，角速度 ω [rad/s] で表せば，N を毎秒当りの回転数に変え，$\omega = 2\pi N$ より

$$\omega_s = \frac{4\pi f}{p} \quad \text{[rad/s]} \tag{4.4}$$

となる．したがって，極数が2倍になれば同期速度は1/2となる．4極の場合の固定子巻線の配置を図 4.6 に示す．

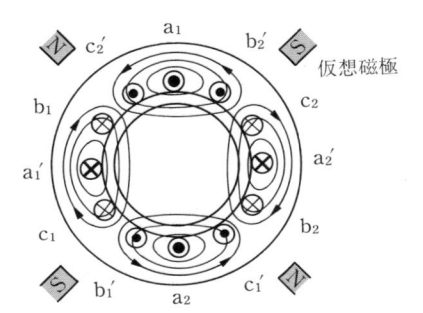

図 4.6 三相巻線（磁極数4）

〔**3**〕**す べ り**　〔1〕の回転の原理で述べたように，回転子の回転速度が同期速度と等しくなった場合は，相対速度が零となり導体が磁束を切らなくなる．そのため起電力が誘導されずトルクが発生しなくなる．したがって，回転を継続するためには回転子が回転磁界より低い速度で回転する必要がある．

回転子の回転速度は N [rpm] であるが

$$s = \frac{N_s - N}{N_s}$$

$$= \frac{\omega_s - \omega}{\omega_s} \tag{4.5}$$

を**すべり**（slip）と呼び，誘導機の速度をこのすべりによって表すことが一般的である．したがって，回転子速度をすべりを使って表現すると

$$N = (1-s)N_s \quad \text{[rpm]}$$

$$= (1-s)\omega_s \quad \text{[rad/s]} \tag{4.6}$$

となる．$s = 1$ は停止（始動）状態，$s = 0$ は同期速度になったときの状態であるが，一般的な負荷状態では $s = 0.03 \sim 0.05$（3〜5％）である．

4.1.2　誘導電動機の種類と構造

〔**1**〕**誘導電動機の種類**　誘導電動機は種々の方法によって分類される．

114   4. 誘　　導　　機

1） **電源の相数による分類**

$$\left\{\begin{array}{l}\text{多相誘導電動機}\left\{\begin{array}{l}\text{三相誘導電動機}\\ \text{二相誘導電動機}\end{array}\right.\\ \text{単相誘導電動機}\end{array}\right.$$

2） **回転子構造による分類**

$$\left\{\begin{array}{l}\text{巻線形}\\ \text{かご形}\left\{\begin{array}{l}\text{普通かご形}\\ \text{特殊かご形}\left\{\begin{array}{l}\text{二重かご形}\\ \text{深溝かご形}\end{array}\right.\end{array}\right.\end{array}\right.$$

以上の分類のほかに，外被方式，通風方式，保護方式などによっても分けられる。

〔2〕　**誘導電動機の構造**　　誘導電動機の基本的な構造は，図 **4.7** に示すように，三相巻線が納められ回転磁界を作る固定子と，誘導起電力が発生し電流が流れることによってトルクが発生する回転子によって構成される。

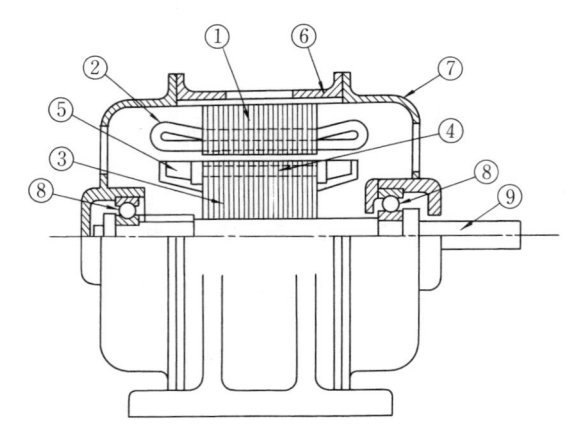

① 固定子鉄心　② 固定子巻線　③ 回転子鉄心
④ 回転子導体　⑤ 冷却羽根　⑥ 固定子枠
⑦ ブラケット　⑧ 軸受　　　⑨ 軸

図 **4.7**　誘導電動機の構造（かご形）

固定子鉄心は磁気回路を形成するもので，リング状に打ち抜いた厚さ 0.35 mm または 0.5 mm のけい素鋼板を軸方向に積層して作られる。固定子の三

相巻線は固定子鉄心の内側のスロットに納められるが，スロットには図 4.8 に示す開放および半閉スロットがある．固定子巻線の結線法は種々の工夫がされているが詳細については後で述べる．

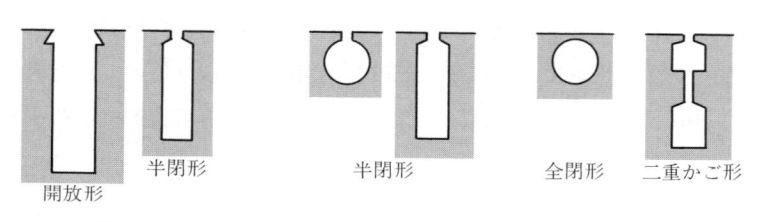

　　　　　（a）　固　定　子　用　　　　　　　（b）　回　転　子　用
図 4.8　スロットの形状

また，図 4.2 では回転子を銅製円筒としているが，実際の回転子鉄心は，固定子と同じように円形あるいは扇形に打ち抜いたけい素鋼板を軸方向に積層して作られる．鉄心表面に設けたスロットに回転子導体を納めるが，導体の種類によって図 4.9 に示すようなかご形回転子と巻線形回転子に大別される．このことから回転子の種類によって誘導電動機は**かご形誘導電動機**（squirrel-cage induction motor）と**巻線形誘導電動機**（wounded rotor induction motor）の二種類に分けられる．

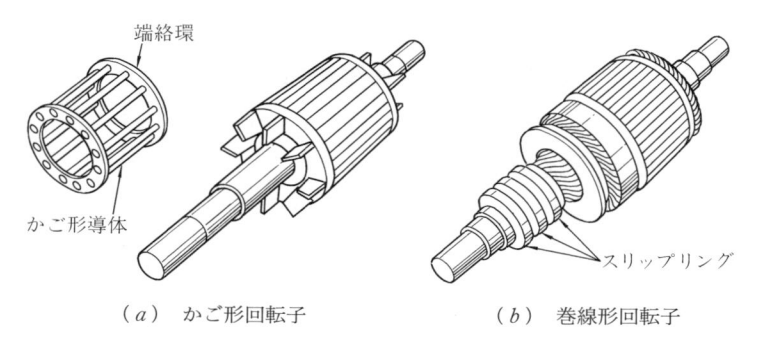

　　（a）　かご形回転子　　　　　　（b）　巻線形回転子
図 4.9　回転子の形状

図 4.9(a)に示すように，かご形回転子ではスロット内に棒状導体が挿入され，導体端部が**端絡環**（end ring）によって短絡されたかご状になってい

る。さらに，導体数やスロット形状により普通かご形，あるいは特殊かご形と呼ばれる**二重かご形**（double-squirrel type），**深溝かご形**（deep-slot squirrel type）に分けられる。巻線形回転子は図(b)に示すようにスロットに固定子巻線と同じように三相巻線が施される。この場合も三相巻線は星形結線とするのが一般的である。さらに，回転子の三相巻線は軸上に取り付けられた**スリップリング**（slip ring）に接続され，ブラシを介して外部の可変抵抗器などと接続することができる。

スロットに納められる三相巻線は，一般に二層の重ね巻で，巻線ピッチと磁極ピッチが等しい全節巻，あるいは巻線ピッチが磁極ピッチより短い短節巻としている。三相巻線は一般に星形結線にされるが，低圧用では三角結線も用いられる。

図 4.5 あるいは図 4.6 にみるように，磁気回路は固定子—ギャップ—回転子—ギャップの順にギャップを 2 回横切った閉回路となる。ギャップが大きいと励磁電流が大きくなり，力率が低くなる。誘導機のギャップは一般に 0.3〜2.5 mm 程度の大きさである。

誘導電動機は，固定子と回転子が磁気的に結合した一種の変圧器と考えられることから，固定子を一次，回転子を二次と呼ぶことが多い。

4.2 三相誘導電動機の理論

$4.2.1$ 起磁力と誘導起電力

固定子巻線の巻線法として先に述べた全節巻や短節巻がある。さらに，固定子の毎極毎相のスロット数 $q = 1$，すなわち 1 相分のコイル辺のすべてを一つのスロットに納める集中巻や，複数のコイルに分けて納める，すなわち q が複数となる分布巻がある。巻線法によって起磁力や巻線に誘導される起電力の大きさがどのようになるかを検討するため，各巻線法による起磁力分布を図 4.10 に示す。いずれの場合も起磁力分布は正弦波形ではなく方形波分布である。

4.2 三相誘導電動機の理論

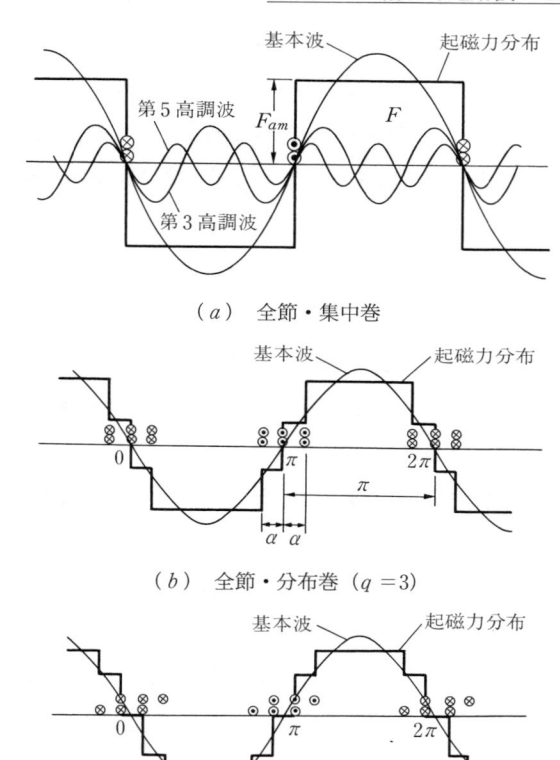

(a) 全節・集中巻

(b) 全節・分布巻 ($q=3$)

(c) 短節・分布巻 ($q=3$)

図 **4.10** 起磁力分布

(1) 全節・集中巻の場合 図 **4.10**(*a*)の全節集中巻の場合の起磁力分布は正弦波とは著しく異なる方形波分布である。この方形波分布は図中に示すように空間的に基本波と奇数次高調波から成り立っていると考えられ，起磁力分布 F_a を電気角 $\theta\,(=\pi/p)$ についてフーリエ級数に展開すると次式で表される。

$$F_a = \frac{\pi}{4} F_{am}(\sin\theta + \frac{1}{3}\sin 3\theta + \frac{1}{5}\sin 5\theta + \cdots + \frac{1}{v}\sin v\theta + \cdots)$$

$$(4.7)$$

ここで，F_{am} は方形波起磁力の振幅であり，w を1相の直列コイル数，p を極数，I_m を電流の最大値とすると $F_{am} = (w/p)I_m$ である。

したがって，式 (4.2) で与えられた三相巻線による合成起磁力も，実際には高調波成分を含むことを考慮する必要がある。ただし，集中巻はほとんど採用されることはない。

(2) 全節・分布巻の場合 起磁力分布をさらに正弦波に近づけ，固定子および回転子巻線の誘導起電力の波形改善を目的として巻線を均一に配置するのが分布巻である。分布巻（$q=3$）の場合の起磁力分布は，**図 4.10**(b) に示すように集中巻の場合より正弦波に近づくが，q は一般に3～7であることから起磁力は完全な正弦波にはならない。

しかし，分布巻の場合には，隣り合ったスロットにおける起磁力，すなわち巻線の誘導起電力間に位相差 α が生じることになる。そのため，分布巻の場合の合成誘導起電力は集中巻の場合に比べて小さくなる。すなわち，**図 4.11** に示すように，集中巻では合成起電力は各コイルの起電力 e の算術和となるが，分布巻ではベクトル和となるので，起電力の比は

$$k_d = \frac{E_a}{e_{a1} + e_{a2} + \cdots + e_{aq}} = \frac{E_a}{qe} \tag{4.8}$$

で表すことができる。この k_d を**分布巻係数**（distributed factor）という。なお，k_d はつぎのようにして求められる。

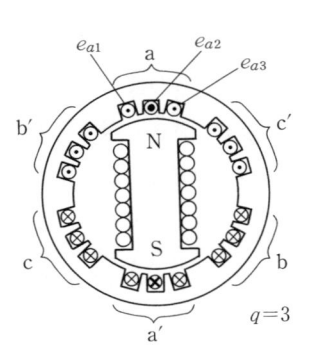

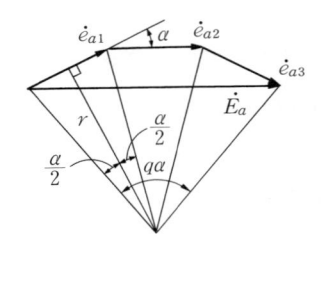

$$k_d = \frac{E_a}{e_{a1}+e_{a2}+e_{a3}} = \frac{E_a}{3e}$$

図 4.11 全節分布巻（$q=3$）の誘導起電力

相数を m とすれば，スロット間の位相差は

$$\alpha = \frac{\pi}{mq} \quad [\text{rad}] \tag{4.9}$$

となるので，図 **4.11** に示す関係から式 (4.8) は

$$k_d = \frac{E_a}{qe} = \frac{2r\sin\left(\dfrac{q\alpha}{2}\right)}{q2r\sin\left(\dfrac{\alpha}{2}\right)} = \frac{\sin\left(\dfrac{\pi}{2m}\right)}{q\sin\left(\dfrac{\pi}{2mq}\right)} \tag{4.10}$$

となる。

また，式 (4.7) に示したように，起磁力分布には高調波成分が含まれるので，巻線の誘導起電力も多くの高調波を含んだものとなる。一般的に第 v 次高調波起磁力あるいは起電力に対する分布巻係数はつぎのように与えられる。

$$k_{dv} = \frac{\sin\left(\dfrac{v\pi}{2m}\right)}{q\sin\left(\dfrac{v\pi}{2mq}\right)} \tag{4.11}$$

（3） 短節・分布巻の場合　さらに起磁力の波形を改善するため，巻線ピッチ τ を磁極ピッチ π よりも $\beta\pi$ だけ短くした短節巻が適用されている。分布巻 $(q=3)$ で短節巻とした場合の起磁力分布は図 **4.10**(c) のようになり，全節巻の場合よりさらに正弦波に近づく。そのためこの巻線法を採用するのが一般的である。

図 **4.12** に示すように，コイルの上口辺と下口辺に誘導される起電力をそれぞれ e_{a1}, e_{a2} とすると，全節巻では両起電力の位相差が π であるが，短節巻では $\beta\pi$ の位相差となる。そのため短節巻の場合の誘起起電力は全節巻の場合より小さくなる。その減少分を次式の k_p を乗じることで考慮し，k_p は**短節巻係数**（short-pitch factor）と呼ばれる。

$$k_p = \frac{\dot{e}_a}{\dot{e}_{a1} + \dot{e}_{a2}} = \sin\frac{\beta\pi}{2} \tag{4.12}$$

したがって，分布・短節巻にした場合の起磁力や誘導起電力の大きさはこれらの係数を考慮して，**巻線係数**（winding factor）$k = k_d k_p$ を乗じることで

120   4. 誘 導 機

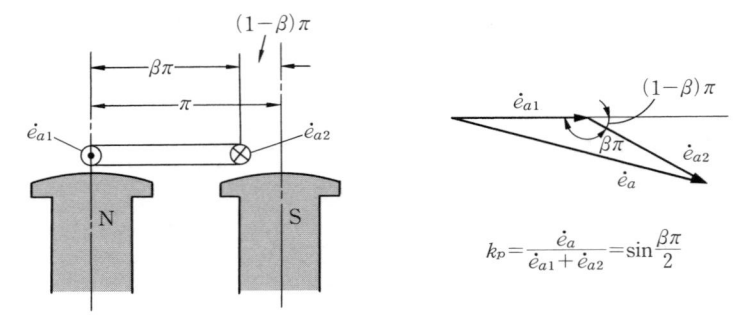

図 4.12 短節・分布巻の誘導起電力

$$k_p = \frac{\dot{e}_a}{\dot{e}_{a1}+\dot{e}_{a2}} = \sin\frac{\beta\pi}{2}$$

考慮する。

4.2.2 誘導電動機の等価回路

　誘導機は原理的に固定子を一次,回転子を二次とした変圧器とみなすことができる。ただし,誘導機の磁界が回転磁界であるため一次と二次の磁気的な結合が相対的に回転数とともに変化すること,そして,変圧器では電気的な出力であるが,誘導電動機では機械的出力になることが変圧器と異なる点である。

　したがって,誘導電動機の等価回路では,機械的出力を表すために,消費電力が機械的出力に等しい抵抗が等価回路の二次側に負荷として接続されているものと考える。

〔**1**〕 **回転子が同期速度 ($s=0$) で回転している場合**　　同期速度では回転子と回転磁界が同じ速度で回るため,二次巻線の誘導起電力 E_2 が発生せず,二次電流 I_2 も流れないので,変圧器の二次側開放状態と同じであると考えられる。また,近似的に誘導電動機が無負荷状態で回転している場合に相当する。

　一次側に相電圧 V_1 を加えると,磁化電流 I_μ が流れ,その起磁力によって回転磁束 ϕ が生じる。一次側に誘導される起電力は

$$E_1 = 4.44 k_1 W_1 f_1 \Phi \quad [\text{V}] \tag{4.13}$$

である。ここで, W_1 は一次一相当りのコイルの巻数, k_1 は一次巻線の巻線係

数，Φ はギャップにおける一極当りの平均磁束 [Wb] である。

一次側には磁化電流に加え，鉄損を供給するための鉄損電流 I_w が流れる。したがって，一次側には I_μ と I_w の合成電流である励磁電流 I_0 が流れる。励磁電流は，励磁アドミタンスを Y_0 [S]，励磁コンダクタンスを g_0 [S]，励磁サセプタンスを b_0 [S] とすれば

$$\dot{I}_0 = \dot{I}_w + j\dot{I}_\mu \tag{4.14}$$

$$I_0 = V_1 Y_0 = V_1 \sqrt{g_0^2 + b_0^2} \tag{4.15}$$

となる。

このときの電圧，電流，磁束の関係を示すベクトルは，変圧器の無負荷状態と同じであり，**図 4.13** で表すことができる。なお，ここでは一次インピーダンスによる電圧降下を無視し，$V_1 = -E_1$ としている。また，一般に，誘導電動機では変圧器に比べて励磁電流 I_0 の一次電流 I_1 に対する割合が大きく，さらに，遅れ位相の磁化電流 I_μ が鉄損電流 I_w より大きいため力率は良くない。

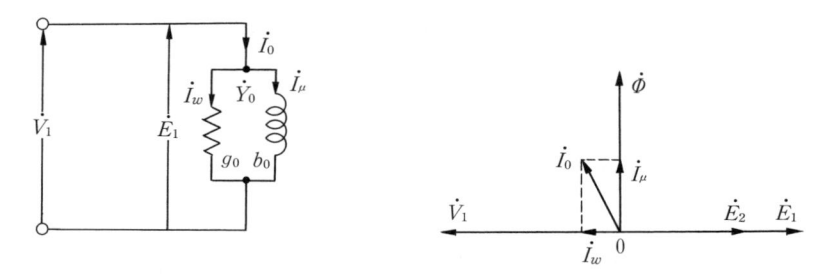

図 4.13 二次開放状態のベクトル図と等価回路

〔2〕 回転子が停止（$s=1$）している場合　誘導電動機の始動時，あるいは回転子を回らないように拘束した状態である。停止状態はトルク，機械的出力が発生していないものと考えると，負荷抵抗が $0\,\Omega$ すなわち短絡状態にあるとみなすことができる。ただし，かご形誘導電動機ではつねに短絡状態にある。

一次側に相電圧 V_1 を加えると，誘導起電力 E_1 が発生し，励磁電流 I_0 が流

れる。さらに，回転磁束は二次巻線を同期速度で切ることになり，次式で表される二次誘導起電力が発生する。

$$E_2 = 4.44 k_2 W_2 f_1 \Phi \quad \text{[V]} \tag{4.16}$$

ここで，W_2 は二次一相当りのコイルの巻数，k_2 は二次巻線の巻線係数であるが，かご形回転子では $k_2 = 1$ である。また，E_2 の周波数 f_2 は回転磁界が二次巻線を同期速度で切るので一次周波数 f_1 に等しい。

式(4.13)と式(4.16)から実効巻数比 a は次式で表される。

$$\frac{E_1}{E_2} = \frac{k_1 W_1}{k_2 W_2} = a \tag{4.17}$$

E_2 が発生して二次電流 I_2 が流れると，トルクが発生するため電動機は回転を始める。したがって，このとき ($s=1$) の I_2 の大きさは電動機の始動電流，あるいは回転子を回らないように拘束した場合の短絡電流であるといえる。後で検討する $0 < s < 1$ の回転状態と比較をするために二次短絡電流 I_{20} を求めてみる。

変圧器の場合と同じように，一次および二次の一相当りの巻線抵抗を r_1, r_2 [Ω]，一次および二次巻線の一相当りの漏れリアクタンスを x_1, x_2 [Ω]とすれば，二次短絡電流 I_{20} は

$$I_{20} = \frac{E_2}{\sqrt{r_2^2 + x_2^2}} \quad \text{[A]} \tag{4.18}$$

となる。

このとき一次側では，変圧器の場合と同様に，I_{20} による起磁力を打ち消すための一次電流 I_1' が流れ，励磁電流 I_0 とのベクトル和である一次電流 I_1 が流れる。図 **4.14** に回転子が停止 ($s=1$) し，さらに短絡状態にあるときの等価回路を示す。

〔3〕 **回転子がすべり s で回転している場合**　　いま，回転子が同期速度より少し遅いすべり s で回転するときは，回転磁界と回転子の相対速度が $N_s - N = sN_s$ となる。したがって，回転子は sN_s の速度で回転磁束を切ることになり，二次誘導起電力 E_2 は停止時の s 倍の sE_2 となる。同様に，二次周波

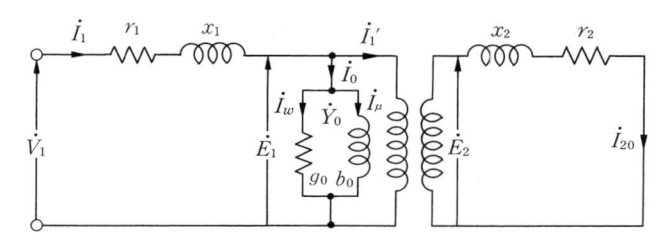

図 4.14 停止（二次短絡）のときの等価回路

数 f_2 も sf_1 となる。このときの $f_2 = sf_1$ を**すべり周波数**（slip frequency）という。また，周波数が s 倍となるため，二次漏れリアクタンス x_2 も sx_2 となる。したがって，二次電流 I_2 はつぎのように表される。

$$I_2 = \frac{sE_2}{\sqrt{r_2^2 + (sx_2)^2}} \quad \text{[A]} \tag{4.19}$$

また，sE_2 と I_2 の位相差 θ_2 は

$$\theta_2 = \tan^{-1}(sx_2/r_2) \quad \text{[rad]} \tag{4.20}$$

となる。さらに，力率 $\cos\theta_2$ は

$$\cos\theta_2 = \frac{r_2}{\sqrt{r_2^2 + (sx_2)^2}} \tag{4.21}$$

である。

回転速度が上昇するにしたがって，すべり s が小さくなるので二次側に誘導される二次電圧，二次周波数および二次電流は徐々に小さくなる。そのためトルクも小さくなるが，負荷トルクと平衡した速度において回転を続ける。このときの等価回路は**図 4.15** に示される。

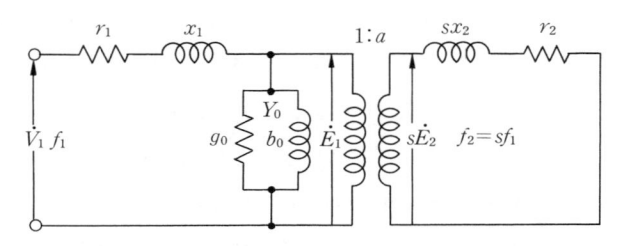

図 4.15 すべり s で回転しているときの等価回路

ここで，式 (4.19) および式 (4.20) の分母と分子を，つぎのように s で割ってみる．

$$I_2 = \frac{sE_2}{\sqrt{r_2^2 + (sx_2)^2}} = \frac{E_2}{\sqrt{(r_2/s)^2 + x_2^2}} \quad [\text{A}] \qquad (4.22)$$

$$\theta_2 = \tan^{-1}\left(\frac{x_2}{\frac{r_2}{s}}\right) \quad [\text{rad}] \qquad (4.23)$$

I_2 および θ_2 の大きさは変わらないが，例えば式(4.22)と回転していない場合の式(4.18)を比較することにより，二次抵抗 r_2 が回転状態では (r_2/s) に変化すると考えることができる．さらに

$$\frac{r_2}{s} = r_2 + \frac{(1-s)r_2}{s} \qquad (4.24)$$

とすれば，回転状態では，停止時の二次側回路に $(1-s)r_2/s$ という負荷抵抗が等価的に接続されたとみなすことができる．したがって，この等価負荷抵抗における消費電力が機械出力に等しいことになる．このように考えると，**図 4.13** の等価回路の二次側を**図 4.16** のように表現することができる．

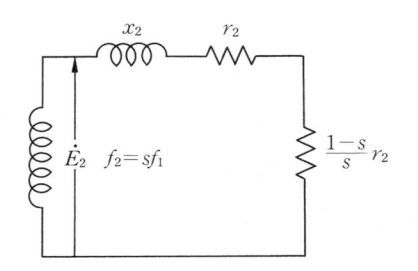

図 4.16 機械出力を表す等価負荷抵抗を考慮した等価回路

また，式(4.24)のように表現することによって，一次側諸量と二次電圧，二次電流などの周波数の異なる，すなわち時間的に異なる諸量を同一の空間ベクトルとして**図 4.17** のように表現することができる．なお，このベクトル図では，一次および二次インピーダンスによる電圧降下を考慮している．

〔4〕**一次変換（primary comversion）した等価回路**　誘導機の一次側は三相，二次側は三相あるいは多相で短絡されていることが多いので，ほとんどの場合は一次変換等価回路を使用する．**図 4.16** の等価回路の二次側諸量

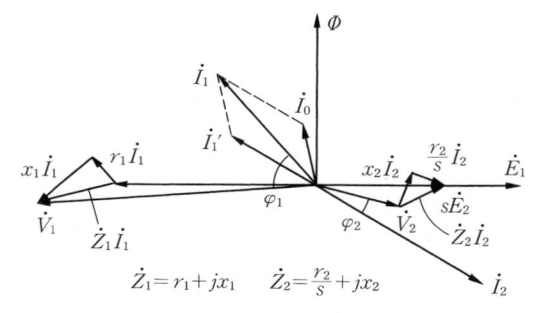

図 4.17 すべり s で回転しているときのベクトル図

を一次換算するには変圧器と同様な方法でよい．ただし，巻数比 a は式 (4.17) で与えられた実効巻数比を適用する．m_1 を一次相数，m_2 を二次相数とすれば，一次換算値はつぎのように表される．

二次誘導起電力の換算は式 (4.17) より

$$E_2' = \frac{k_1 W_1}{k_2 W_2} E_2 = a E_2 = -E_1 \tag{4.25}$$

二次電流の換算では，I_2 の一次換算値を I_2' とすれば，二次 m_2 相を一次 m_1 相に変換するので，両者の合成起磁力が等しくなければならないことから

$$I_2' = \frac{m_2 k_2 W_2}{m_1 k_1 W_1} I_2 = \frac{m_2 I_2}{m_1 a} = -I_1' \tag{4.26}$$

二次インピーダンス r_2 を換算するには，変換後も抵抗損は変わらないことが必要である．したがって

$$m_1 r_2' I_2'^2 = m_2 r_2 I_2^2$$

$$\therefore \quad r_2' = \frac{m_2 I_2^2}{m_1 I_2'^2} r_2 = \frac{m_2}{m_1}\left(\frac{m_1}{m_2}a\right)^2 r_2 = \frac{m_1}{m_2} a^2 r_2 \tag{4.27}$$

同様に，二次リアクタンス x_2 を換算するには，変換後も無効電力が変わらないことが必要である．したがって

$$m_1 x_2' I_2'^2 = m_2 x_2 I_2^2$$

$$\therefore \quad x_2' = \frac{m_1}{m_2} a^2 x_2 \tag{4.28}$$

なお，等価負荷抵抗 r の一次換算値 r' はつぎのようになる．

126　4. 誘導機

$$r' = \frac{(1-s)r_2}{s}a^2 \tag{4.29}$$

これらの換算値から，精密（T 形）等価回路と呼ばれる一次変換した等価回路が図 **4.18** に示される。

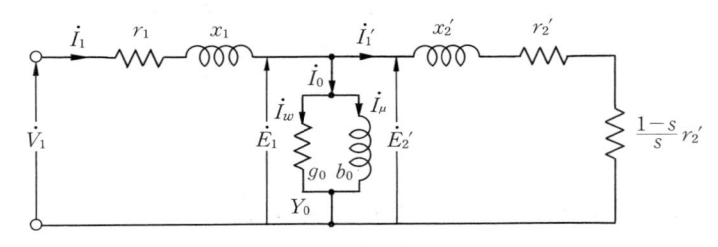

図 4.18　一次換算した精密（T 形）等価回路

変圧器と異なり，誘導電動機の磁気回路にはギャップが存在するため，励磁電流 I_0 の値は変圧器の励磁電流より大きくなる。したがって，I_0 による一次インピーダンス（$r_1 + jx_1$）降下を零と近似することは誤差を生ずることになる。しかし，変圧器の場合と同様に，回路定数や特性算定がきわめて簡単になるので，励磁回路を左端に移動した図 **4.19** に示す簡易（L 形）等価回路が使用されることが多い。

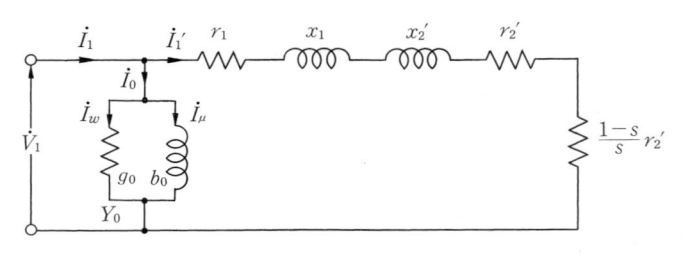

図 4.19　一次換算した簡易（L 形）等価回路

4.2.3　回路定数の算定

等価回路で示した諸量を求めるためには，つぎのような三つの試験を行う。

〔**1**〕　**抵抗測定**　室温 t〔℃〕において，図 **4.20** のように一次巻線各端子間の抵抗を測定し，その平均値を R〔Ω〕とする。この値から一相当りの

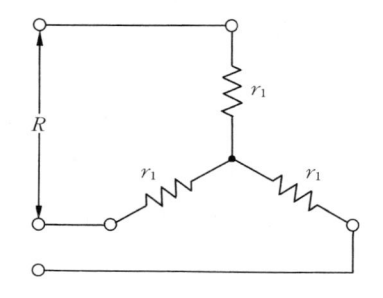

図 4.20 抵抗測定

抵抗値 r_1 を次式により算出する。

$$r_1 = \frac{R}{2} \times \frac{234.5 + T}{234.5 + t} \quad [\Omega] \tag{4.30}$$

ここで，T は算出基準温度で絶縁の種類で異なり，A 種では75℃，F 種では115℃である。

〔**2**〕 **無負荷試験** 図 **4.21** に示すように，誘導電動機を無負荷で定格電圧 V_n〔V〕を加え，そのときの無負荷電流 I_0〔A〕および無負荷入力 W_0〔W〕を測定する。それらの値から励磁回路の回路定数をつぎのように算出する。このときの等価回路は 4.2.1 項の $s=0$，$r_2'/s = \infty$ の場合と考えればよい。

$$g_0 = \frac{W_0}{m_1 V_n^2} \tag{4.31}$$

$$b_0 = \sqrt{\left(\frac{I_0}{V_n}\right)^2 - g_0^2} \tag{4.32}$$

$$\cos\phi_0 = \frac{W_0}{m_1 V_n I_0} \tag{4.33}$$

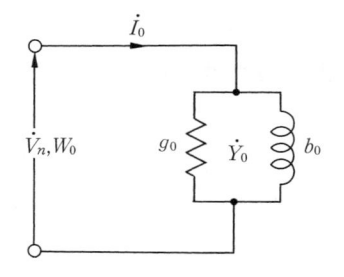

図 **4.21** 無負荷試験

〔3〕 **拘束試験** 誘導電動機の回転子を拘束して，一次側に定格電流 I_n〔A〕が流れるように加えた電圧 V_{s1}〔V〕(拘束電圧という) と電力 W_{s1}〔W〕を測定する。このときの等価回路は 4.2.1 項の $s=1$ の場合と考えればよいが，V_{s1} は一般に定格電圧の 1/5～1/6 であることから，励磁電流は小さく無視することができる。したがって，等価回路は励磁回路を除いた図 **4.22** の回路になる。

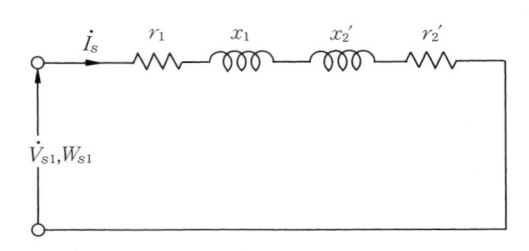

図 **4.22** 拘 束 試 験

無負荷試験の結果から r_1 は既知であり r_2 を分離できるが，x_1 と x_2' を分離することはできない。

$$r_1 + r_2' = \frac{W_{s1}}{m_1 I_n^2} \tag{4.34}$$

$$r_2' = \frac{W_{s1}}{m_1 I_n^2} - r_1 \tag{4.35}$$

$$x_1 + x_2' = \sqrt{\left(\frac{V_{s1}}{I_n}\right)^2 - (r_1 + r_2')^2} \tag{4.36}$$

$$\cos\phi_s = \frac{W_{s1}}{m_1 V_{s1} I_n} \tag{4.37}$$

4.3 三相誘導電動機の特性

前節で回路定数を算出する方法を述べた。得られた諸定数の値から図 **4.19** の簡易等価回路を用いて誘導電動機の諸特性を以下のように導くことができる。

4.3.1 電流と力率

鉄損電流：$\dot{I}_w = \dot{V}_1 g_0$ 〔A〕 (4.38)

磁化電流：$\dot{I}_\mu = j\dot{V}_1 b_0$ 〔A〕 (4.39)

無負荷電流：$\dot{I}_0 = \dot{I}_w + j\dot{I}_\mu = \dot{V}_1(g_0 - jb_0)$ 〔A〕 (4.40)

無負荷力率：$\cos\phi_0 = g_0/\sqrt{g_0{}^2 + b_0{}^2}$ (4.41)

$$\dot{Z}\,[\Omega] = (r_1 + r_2'/s) + j(x_1 + x_2')\ [\Omega] \quad (4.42)$$

一次負荷電流：$\dot{I}_1' = \dfrac{\dot{V}_1}{\dot{Z}} = \dfrac{\dot{V}_1}{(r_1 + r_2'/s) + j(x_1 + x_2')}$ 〔A〕(4.43)

一次電流：$\dot{I}_1 = \dot{I}_0 + \dot{I}_1'$

$$= \dot{V}_1\left(\left(g_0 + \frac{r_1 + r_2'/s}{z^2}\right) - j\left(b_0 + \frac{x_1 + x_2'}{z^2}\right)\right)\ \text{〔A〕}$$
(4.44)

ただし，$z = \sqrt{(r_1 + r_2'/s)^2 + (x_1 + x_2')^2}$

力率：$\cos\phi_1 = \dfrac{g_0 + \dfrac{r_1 + r_2'/s}{z^2}}{\sqrt{\left(g_0 + \dfrac{r_1 + r_2'/s}{z^2}\right)^2 + \left(b_0 + \dfrac{x_1 + x_2'}{z^2}\right)^2}}$ (4.45)

4.3.2 入出力と損失

一次入力：$P_1 = m_1 V_1 I_1 \cos\phi_1$ 〔W〕 (4.46)

無負荷損：$P_0 = m_1 V_1 I_w$ 〔W〕 (4.47)

一次抵抗損：$P_{C1} = m_1 r_1 I_1'^2$ 〔W〕 (4.48)

二次入力：$P_2 = m_1 \dfrac{r_2'}{s} I_1'^2$ 〔W〕 (4.49)

二次抵抗損：$P_{C2} = m_1 r_2' I_1'^2 = sP_2$ 〔W〕 (4.50)

二次入力 P_2 の一部が二次抵抗損 P_{C2} として消費され，残りが機械的出力 P となる．したがって

機械的出力：$P = P_2 - P_{C2} = m_1 \dfrac{r_2'}{s} I_1'^2 - m_1 r_2' I_1'^2$

$$= m_1 \frac{1-s}{s} r_2' I_1'^2 = (1-s)P_2 \quad [\text{W}] \qquad (4.51)$$

式(4.51)の値からさらに機械損を引いたものを電動機の実際の出力とすることもあるが，多くの場合は機械損を無視している．したがって

$$効率：\eta = \frac{P}{P_1} \qquad (4.52)$$

となる．また，二次効率は $\eta_2 = P/P_2$ となる．

一次入力から機械的出力に至るまでのパワーの流れは図 **4.23** に示される．

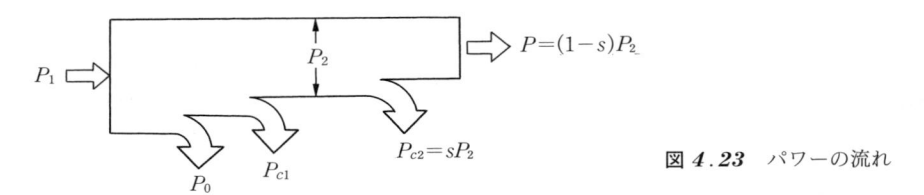

図 **4.23** パワーの流れ

4.3.3 トルク

機械的出力 P は回転機のトルク T と角速度 ω_2 の積であるから，トルクは $T = P/\omega_2$ で与えられる．また，式(4.6)より $\omega_2 = (1-s)\omega_1$，式(4.51)より $P = (1-s)P_2$ であるから

$$T = \frac{P}{\omega_2} = \frac{(1-s)P_2}{(1-s)\omega_1} = \frac{P_2}{\omega_1} \quad [\text{N}\cdot\text{m}] \qquad (4.53)$$

と表すことができる．

これより二次入力 P_2 は電動機がトルクを発生しながら同期速度 ω_1 で回転したときの出力であるとみなされる．さらに，ω_1 は一定値であるから，結局トルクは二次入力に比例する．したがって，トルクの測定が困難な場合は P_2 をトルクの代用とすることができる．この場合の P_2 を**同期ワット** (synchronous watt)，または同期ワットトルクと呼び，式(4.43)と式(4.49)からつぎのようになる．

$$P_2 \text{ [同期ワット]} = m_1 \frac{r_2'}{s} I_1'^2$$

$$= m_1 \frac{r_2'}{s} \frac{V_1^2}{(r_1 + r_2'/s)^2 + (x_1 + x_2')^2} \quad [\text{同期ワット}] \quad (4.54)$$

図 4.24 にすべりに関する誘導電動機の各種の特性を示す。

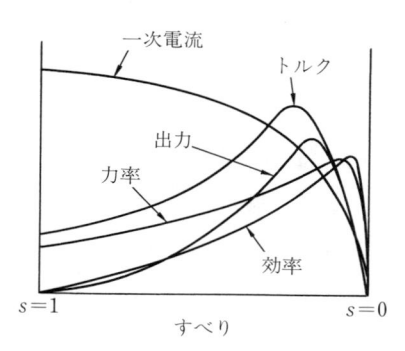

図 4.24 誘導電動機の速度特性

$4.3.4$ 最大トルクと最大出力

最大トルク（maximum torque）$P_{2\text{max}}$ ［同期ワット］は，図 4.25 に示すように $dP_2/ds = 0$ となるときのすべり s_{mT} を求めることで得られる。s_{mT} は次式で与えられる。

$$s_{mT} = \pm \frac{r_2'}{\sqrt{r_1^2 + (x_1 + x_2')^2}} \quad (4.55)$$

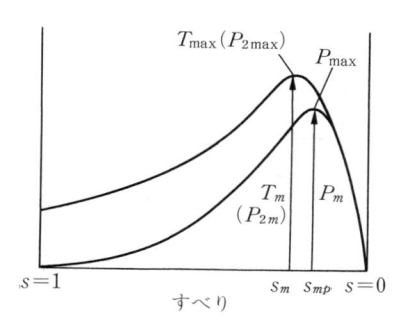

図 4.25 最大トルクと最大出力

式(4.55)を式(4.54)に代入すれば最大トルク［同期ワット］が求められる。

$$P_{2\text{max}} = \frac{m_2 V_1^2}{2\{r_1 \pm \sqrt{r_1^2 + (x_1 + x_2')^2}\}} \quad [\text{同期ワット}] \quad (4.56)$$

ここで，＋は電動機，－は発電機の場合である。

同様に，**最大出力** (maximum output) P_{max} は，$dP/ds = 0$ となるときのすべり s_{mP} を求めることで得られる。s_{mP} は次式で与えられる。

$$s_{mP} = \pm \frac{r_2'}{r_2' \pm \sqrt{(r_1 + r_2')^2 + (x_1 + x_2')^2}} \tag{4.57}$$

$$\therefore \quad P_{max} = \frac{m_2 V_1^2}{2\{(r_1 + r_2') \pm \sqrt{(r_1 + r_2')^2 + (x_1 + x_2')^2}\}} \tag{4.58}$$

ここで，＋は電動機，－は発電機の場合である。最大トルク以上の負荷になると電動機が止まるので，この最大トルクを停動トルクともいう。

4.3.5 比 例 推 移

トルク T は出力 P を角速度 ω で除したもので表わされる。したがって，式(4.53)，(4.54)よりトルクは次式となる。

$$T = \frac{P}{\omega_2} = m_1 \frac{r_2'}{s} \cdot \frac{V_1^2(r_2'/s)}{(r_1 + r_2'/s)^2 + (x_1 + x_2')^2} \cdot \frac{1}{\omega} \tag{4.59}$$

ここで，すべり s は r_2'/s の形で変数として表現されている。したがって，二次抵抗 r_2' が m 倍になったとき，すべり s を m 倍とすれば T の値は同じである。すなわち，r_2'/s を一定として速度が変化するとき，T は同じ値を保って推移する。これを**比例推移** (proportional shifting) という。

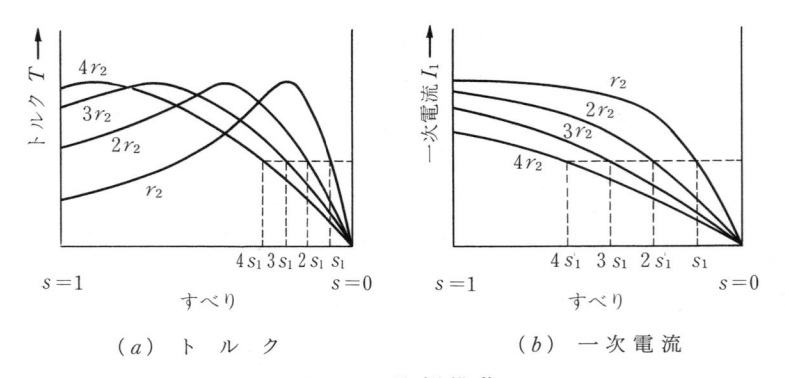

(a) ト ル ク

(b) 一 次 電 流

図 4.26 比 例 推 移

すべりとともにトルクが変化する様子を図 $4.26(a)$ に示す。トルク以外の一次電流 I_1，出力 P も式(4.44)，(4.51)で示されるように比例推移の特性を有することから同様な変化をする。例えば，一次電流は図(b)のように変化する。この比例推移を利用すれば，巻線形誘導電動機の二次側に可変抵抗を接続し，始動時に抵抗を大きく，速度上昇に伴って抵抗を小さくすることで，小さい始動電流で大きな始動トルクを得ることができる。

4.4 三相誘導電動機の運転

4.4.1 始動法

図 4.27 に示すように，電動機トルク T_M と負荷トルク T_L の差（$T_M - T_L$）が加速トルクとなり電動機を始動する。この加速トルクによってしだいに速度が上昇し，電動機トルクと負荷トルクが等しくなると加速トルクが零になり，そのときのすべり s' において一定速度で回転する。したがって，電動機を始動するには負荷トルクより大きい電動機始動トルクが必要である。

二次短絡状態にある巻線形またはかご形誘導電動機の始動時は，二次側が短絡した変圧器と同じであり，定格電圧を直接加えると大きな始動電流が流れる。また，始動トルクも比較的小さく，力率も低いので大きな皮相電力を要する。これらを考慮してつぎのような始動法がある。

〔1〕 **巻線形誘導電動機の始動法**　図 4.28 に示すように，巻線形電動

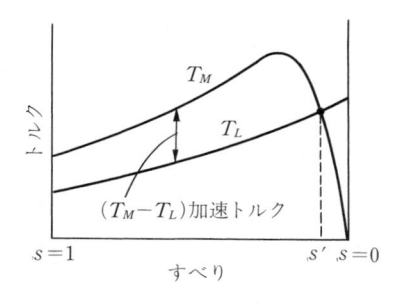

図 4.27　加速トルク

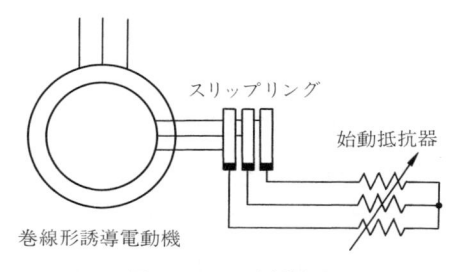

図 4.28　二次抵抗法

機では二次側にスリップリングを通じて外部抵抗 R_s を接続することができる。したがって，比例推移の原理により，始動時は外部抵抗の値を大きくして電流を押さえながら大きな始動トルクを得ることができる。始動後は，徐々に外部抵抗の値を小さくし，最終的に短絡状態とする。この始動方法を**二次抵抗法**という。

〔**2**〕 **かご形誘導電動機の始動法**

1）全電圧始動 かご形誘導電動機は構造が堅固であり，5 kW 以下の電動機では直接定格電圧 V_1 を加えても良い。これを**全電圧始動**（full-voltage starting）という。このとき，始動電流は定格電流の 4～6 倍，始動トルクは全負荷トルクの 1.5 倍程度になる。直入（じかいれ）始動ともいう。

2）Y-△始動 運転状態で固定子が△結線であるかご形誘導電動機に適用される。図 **4.29** に示すように，始動時に固定子巻線を Y 結線とすれば $V_1/\sqrt{3}$ の電圧が加わり，始動電流が押さえられる。速度がある程度上昇した後に，△結線に切り替えることで全電圧 V_1 が加わる。この方法を **Y-△ 始動**（Y-△ starting）という。

図 **4.29** Y-△ 始動

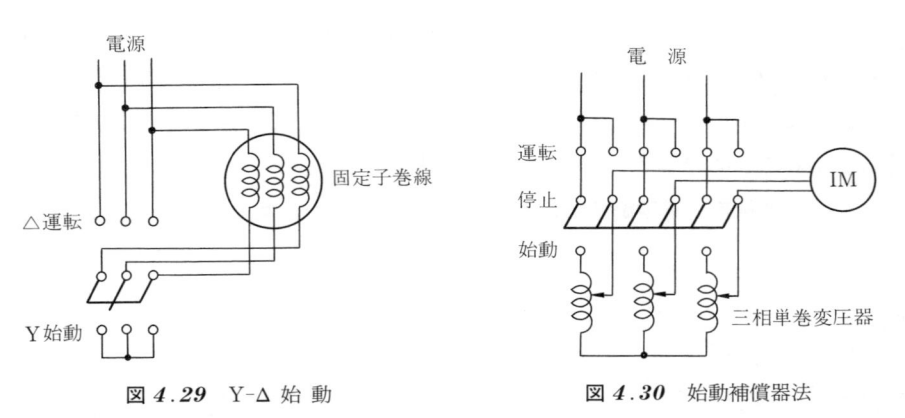

図 **4.30** 始動補償器法

3）始動補償器法 始動電流および始動トルクを必要な大きさに保つ場合に適用される。図 **4.30** に示すように，三相単巻変圧器を使い，始動時は定格電圧の 50～80 % を加え，その後スイッチにより全電圧を加えるように切

り替える．このとき使用される単巻変圧器を**始動補償器**（starting compensator）という．

4） リアクタンスによる始動　図 **4.31** のように，一次側にリアクタンスを直列に接続すると，このリアクタンスによって電圧降下が生じるため，電動機に加わる電圧が低くなり，始動電流が押さえられる．加速した後にリアクタンスを短絡する．リアクタンスを可変抵抗に置き換えても同様な始動が可能である．

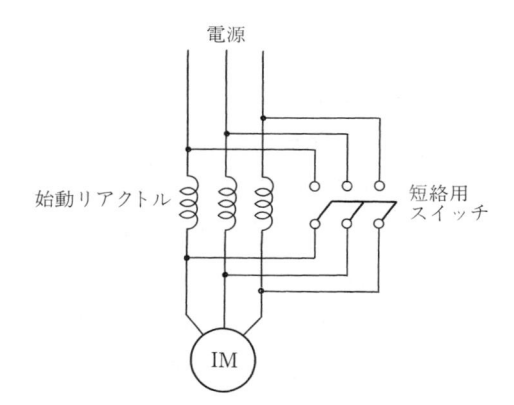

図 **4.31**　リアクタンス始動

〔**3**〕 **特殊かご形誘導電動機**　かご形電動機は始動電流が大きい割には始動トルクが小さいという欠点がある．また，構造的にも巻線形電動機の二次抵抗始動法を適用することはできない．かご形回転子の抵抗値を大きくし，巻線形電動機の始動時と同じように二次抵抗値を大きくした**高抵抗かご形誘導電動機**では，二次側での損失が大きくなるという短所がある．始動時は二次抵抗が大きく，運転時には小さくなるという状態を，かご形回転子の構造を改良することによって自動的に実現できるようにしたものが特殊かご形電動機である．構造によって，**二重かご形**および**深溝かご形**の二種類がある．

図 **4.32** は二重かご形電動機の回転子スロットである．外側には黄銅などの抵抗の大きい導体，内側には銅などの抵抗の小さい導体を使用している．始動時は，二次周波数が高く漏れ磁束は内側の導体に多く鎖交するため，内側導

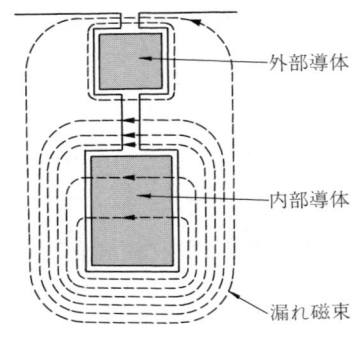

図4.32 二重かご形スロット 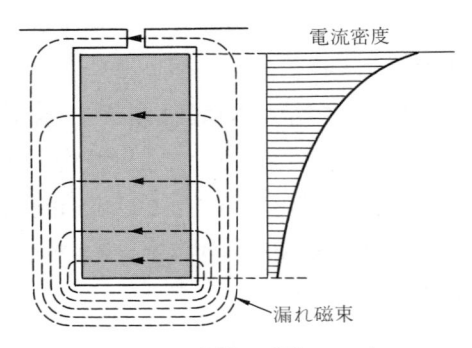　　　　**図4.33** 深溝かご形スロット

体のリアクタンス x_2 が大きい。そのため，電流の大部分はリアクタンスの小さい（抵抗の大きい）外側導体を流れることになる。回転数が上昇して二次周波数が小さくなると，リアクタンスが減少するため電流の大部分は抵抗の小さい内側導体を流れるようになる。これによって，二次抵抗値が始動時は大きく，運転時は小さいという状態が実現される。

図4.33 は深溝かご形電動機の回転子スロットである。図のようにスロットが半径方向に長くなっているので，導体の下部では漏れ磁束が多く鎖交し，始動時には導体下部のリアクタンス x_2 が大きくなり電流は上部に集中して流れる。これは見かけ上の導体断面積が小さくなり，その結果抵抗値が大きくなることに等しい。速度が上昇するとすべりが小さくなり導体下部のリアクタンスも減少するので，電流はほぼ導体全体に流れ，相対的に抵抗値は小さくなる。

かご形誘導電動機に以上のような特殊な構造を採用することで，始動時に二次抵抗が大きく，速度上昇とともに小さくなるという比例推移による巻線形電動機の始動と同じ状況を示すことができる。一例として二重かご形電動機のトルク速度特性を図 **4.34** に示す。

〔4〕 **始動時の異常現象**

1）ゲルゲス現象　　巻線形誘導電動機において発生する異常現象で，スリップリングとブラシの接触不良や始動抵抗器の断線などで回転子の一相が開

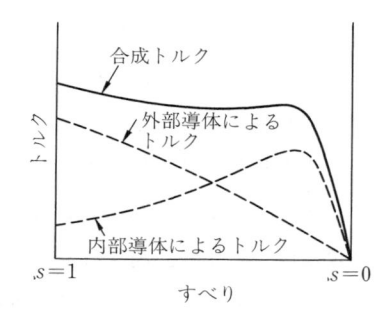

図 4.34 二重かご形誘導電動機のトルク特性

放状態になると，残りの二相分で単相運転の状態になる．単相運転では回転子起磁力による磁界は交番磁界となる．4.5 節の単相誘導電動機で詳しく説明するが，交番磁界はたがいに逆方向に回転する正相分と逆相分に分けられ，正相分は $(1-s)N_s + sN_s = N_s$ で回転して**図 4.35** に示すトルク T_f を発生する．同様に，逆相分は $(1-s)N_s - sN_s = (1-2s)N_s$ で回転するトルク T_b を発生する．したがって，電動機のトルクは T_f と T_b を合成した T となり，すべり 0.5 近くで大きな谷部を生じる．このため電動機は始動後に同期速度の約 1/2 の交点 A で負荷トルク T_L と平衡し，速度はそれ以上にあがらなくなってしまう．これを**ゲルゲス現象**（Gôrges phenomena）という．

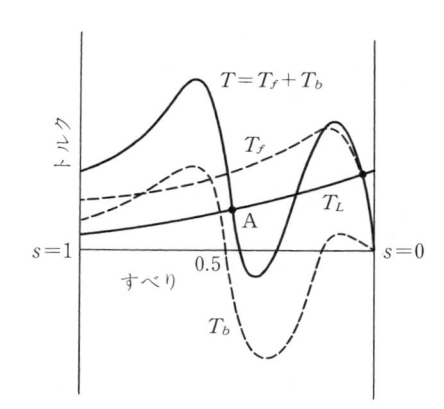

図 4.35 二次単相運転の場合のトルク特性

　二次側に接続された三相外部抵抗が不平衡の場合にも逆相分トルクが発生し，同様の現象を生ずる．

2) 次同期運転　　かご形誘導電動機において発生する異常現象である。固定子巻線の起磁力には多くの高調波が含まれている。さらに，固定子と回転子にはそれぞれスロットがあり，たがいの位置関係によってギャップ間の磁気抵抗の大きさが変化することから，ギャップ磁束分布は基本波以外に多くの高調波成分を含むことになる。三相誘導電動機の場合，例えば第5高調波は基本波と逆方向に1/5の同期速度の逆相回転磁界を作る。また，第7高調波は基本波と同じ方向に1/7の同期速度の回転磁界を作る。それぞれの高調波回転磁界によって二次電流が流れ，**図 4.36** に示す高調波非同期トルク T_5 および T_7 を発生させる。そのため電動機のトルクは基本波トルク T_1 に T_5 および T_7 を加えた合成トルク T となる。もし負荷トルクが図に示す T_L のような場合は，始動後に同期速度の約1/7である A 点で平衡し，それ以上速度は上がらないことになる。この現象を**次同期運転**（crawling，**クローリング現象**）という。このとき，一次電流は始動電流に近い大きなものであるため，そのままで放置すると電動機が焼損するおそれがある。

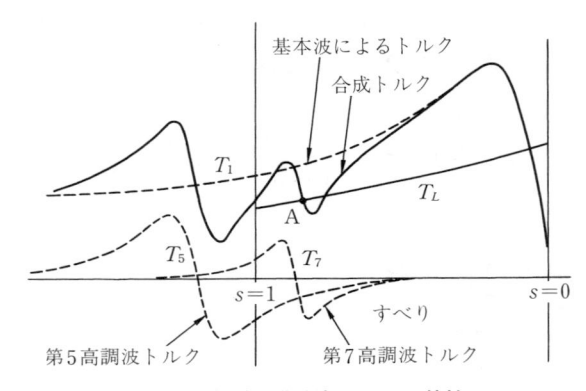

図 4.36　次同期運転のトルク特性

　固定子と回転子のスロット数の組合せを考える，あるいは固定子か回転子のスロットを1スロットピッチずらした斜めスロット（斜溝）を採用することによって次同期運転をある程度避けることができる。

4.4.2 速度制御法

速度制御には定速度制御と変速度制御がある。電動機の運転速度は，図 **4.27** に示したように電動機トルク特性曲線と負荷トルク曲線の交点で示される。したがって，この交点を移動させる，すなわち電動機の速度トルク特性曲線を移動すれば速度を変えることができる。

誘導電動機のトルクおよび速度は

$$T = \frac{P}{\omega_2} = \frac{m_1(r_2'/s)V_1^2}{\omega_1\{(r_1 + r_2'/s)^2 + (x_1 + x_2')^2\}} \quad [\text{N}\cdot\text{m}] \quad (4.60)$$

$$N = (1-s)N_s = (1-s)120f_1/p \quad [\text{rpm}] \quad (4.61)$$

で示される。したがって，電圧 V_1，二次抵抗 r_2'，すべり s，周波数 f_1，極数 p のいずれかを変えることによって速度制御が可能となる。

〔**1**〕 **二次抵抗制御**（secondary rheostatic control） 巻線形誘導電動機では比例推移の原理により，二次回路に接続した始動抵抗器の値 R_s を変えることで容易に速度制御できる。

しかし，これは二次側に供給された有効電力の一部を抵抗による熱損失 $I_2^2 R_s$ として消費しながら速度制御を行っていることになり，効率的にはあまり良いとはいえない。したがって，この熱損失に相当する電力をうまく利用すれば効率を改善できる。その方法として，スリップリングを通して得られた電力によって誘導電動機に直結した直流電動機を回転し，二機で負荷を駆動するクレーマ方式，さらに，電力として電源に回収するセルビウス方式があり，古くから知られている。現在では，回転機器であった周波数変換機や回転整流機を静止器に置き換えた静止クレーマおよび静止セルビウス方式となっている。これらを図 **4.37** に示す。

〔**2**〕 **周波数制御** 周波数 f_1 を変えると同期速度が変わるため速度制御ができる。ただし，図 **4.38**(a) に示すように，電圧 V_1 が一定の場合は，f を大きくするとトルクが変化する一方で磁束も増えるので無負荷損が増大し熱損失が生じる。そのため磁束の飽和を抑制し，V_1/f_1 を一定とする比例制御（いわゆる磁束制御）する必要がある。最近では電源として，サイリスタイン

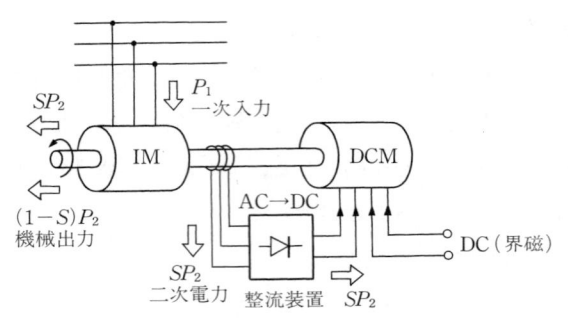

(a) 静止クレーマ方式

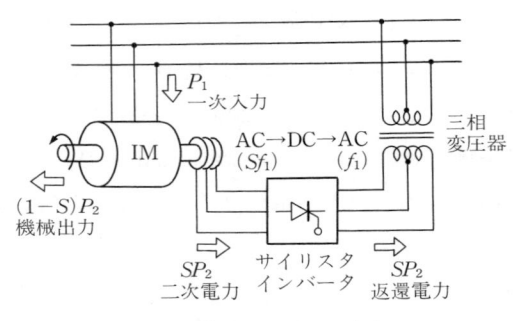

(b) 静止セルビウス方式

図 4.37 静止クレーマおよび静止セルビウス方式

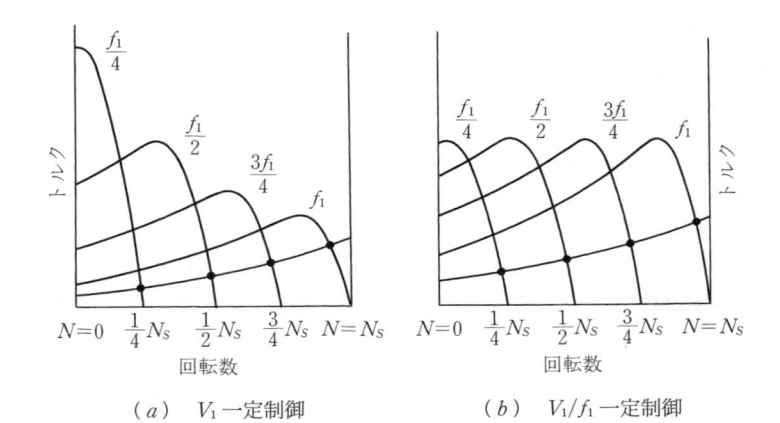

(a) V_1 一定制御

(b) V_1/f_1 一定制御

図 4.38 周波数制御

バータによる効率の良い可変電圧可変周波数制御（VVVF）が可能となり，広く使われている．このときのトルク速度特性は図(b)のようになる．

〔3〕**極数切換**（pole-number changing）　固定子に極数の異なる二組の巻線を設け，これらを切り替えることで速度を二段階に変える．また，一組の巻線の接続を変えて同様に行う方法もある．いずれも速度切換をたびたび行うものに適している．トルク速度特性は図 **4.39** のようになる．

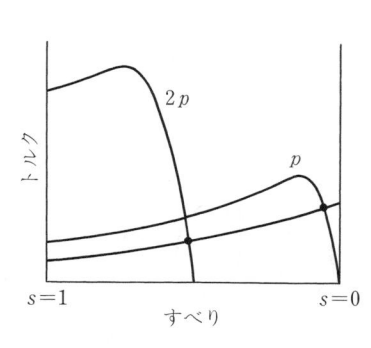

図 **4.39**　極数制御

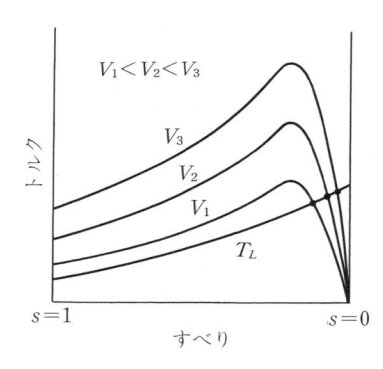

図 **4.40**　電圧制御

〔4〕**電圧制御**　式（4.55）で示すように，誘導電動機のトルクは V_1^2 に比例する．しかし，普通のかご形誘導電動機では，図 **4.40** からわかるように制御範囲は最大トルクにおけるすべりより小さい範囲に限られる．したがって，高抵抗かご形または巻線形の二次側に抵抗を接続した場合のように，トルク特性が垂下特性となる電動機を電圧制御する方が制御範囲が広くなる．さらに，サイリスタ位相制御によれば電圧を0～100％の広範囲に制御できるので速度制御範囲はより大きくなる．しかし，速度変動率も大きくなるので，自動速度制御装置と組み合わせて使用することが多い．

〔5〕**二次励磁**　二次抵抗による速度制御では二次回路に接続した抵抗 R_s を変化させるが，これは二次電流 I_2 を $\dot{I}_2 = (s\dot{E}_2 - \dot{I}_2 R_s)/(r_2 + jsx_2)$ の関係で制御し，トルクを変えていると考えられる．したがって，熱損失を発生する R_s の代わりに，$I_2 R_s$ に相当する周波数 sf_1 の電圧 E_R を外部から二次側に

与え，その大きさ・位相などを変えることによって電動機の速度および力率を変えることができる。この方法を**二次励磁**（secondary exitation）という。

4.4.3 逆 転 法

三相誘導電動機の回転方向を変えるのはきわめて容易である。**図 4.41** のように，電源のいずれかの二線を入れ替えることによって回転磁界の回転方向が変わるので，回転子の回転方向が変わり逆転する。

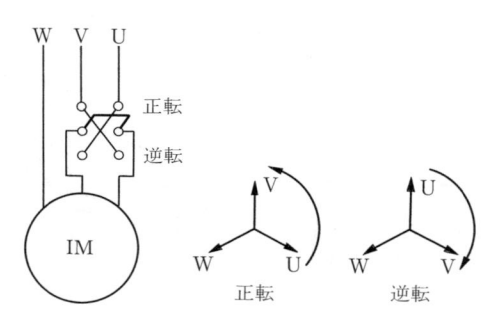

図 4.41　逆　転　法

4.4.4 制　動　法

電動機の制動の目的は，減速あるいは停止であり，つぎのような制動法がある。

〔**1**〕　**機械制動**　　機械的な摩擦力により制動するもので，ある程度減速された後に停止を目的に行われる。手動，電磁，油圧ブレーキなどがある。

〔**2**〕　**発電制動**　　電源を切り離し，**図 4.42** のように直流電圧を加え

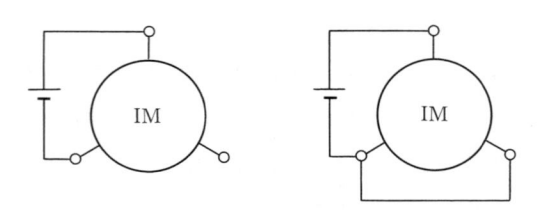

図 4.42　発 電 制 動

て直流磁界を作る。回転子がこの直流磁束を切ることで回転子導体中に誘導起電力が発生し，接続されている二次抵抗が負荷となって制動トルクを生ずる。

〔3〕 **逆転制動（プラッギング**（plugging）） 三相誘導電動機の回転中に，図 **4.41** に示したように電源の二線を入れ替えると大きな制動トルクを得ることができる。ただし，電動機が停止したときに電源を切る必要がある。また，大きな熱損失を発生するので注意が必要である。

〔4〕 **回 生 制 動**（regenerative braking） 誘導電動機を同期速度以上で回転すると，誘導発電機として動作する。このときの発生トルクは負となるので，電動機は同期速度に近づくように減速される。また，発生した電力は電源へ返還され回収される。トルク速度特性曲線で示すと図 **4.43** になる。したがって，クレーンで重量物を降ろす場合などに電動機が加速されたときは，同期速度以上になると負トルクが発生するため，ほぼ同期速度を保ちながら降ろすことが可能となる。

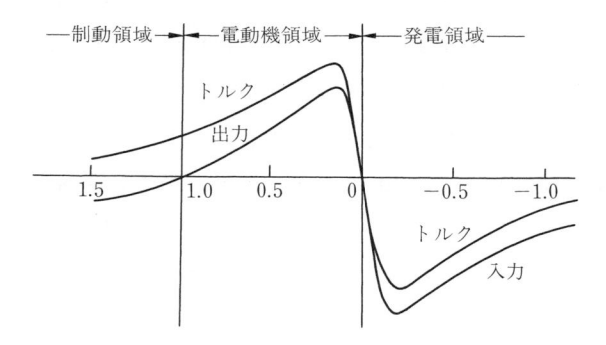

図 **4.43** 誘導機の動作領域

4.5 単相誘導電動機

単相誘導電動機（single-phase induction motor）は工業用あるいは家庭用として最も一般的に使用される電動機である。

4.5.1 動作原理

三相誘導電動機は三相巻線による回転磁界と回転子電流によってトルクを発生させている。単相誘導電動機では固定子巻線が単相巻線であり，電源を入れても発生するのは交番磁束 Φ である。このとき回転子巻線には変圧器と同じようにして変圧器起電力が生じて，Φ を打ち消すような電流が流れるため，そのままでは回転子は回らない。しかし，回転子になんらかの力を加えていずれかの方向へ回してやると，回転子はそのまま回り続け，ほぼ同期速度まで上昇する。

この現象をつぎのように説明することができる。すなわち，固定子巻線による単相交番磁界 Φ を

$$\Phi = \Phi_m \cos \omega t = \frac{\Phi_m}{2}(e^{j\omega t} + e^{-j\omega t}) \equiv \Phi_f + \Phi_b \tag{4.62}$$

のように表すと，**図 4.44** のように，回転方向の異なる大きさの等しい正相分回転磁界 Φ_f と逆相分回転磁界 Φ_b を合成したものと考えられる。このように考えると，**図 4.45** に示すように，たがいに相反する方向に速度 ω で回転する正相分電動機と，逆相分電動機の二つが接続されているとみなすことができる。このように交番磁界を正相分および逆相分の二つの回転磁界に分けて考える理論を**二電動機理論**（double motor theory）または**回転磁界説**という。

正相分電動機のトルクを T_f，逆相分電動機のトルクを T_b とすれば，二つの電動機の速度トルク特性を示すと**図 4.46**のようになり両者を合成した T

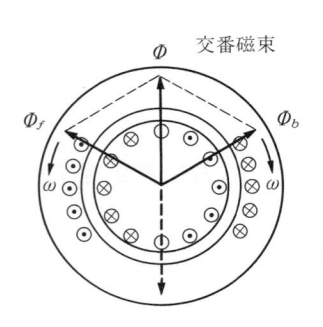

図 4.44 単相誘導電動機

4.5 単相誘導電動機

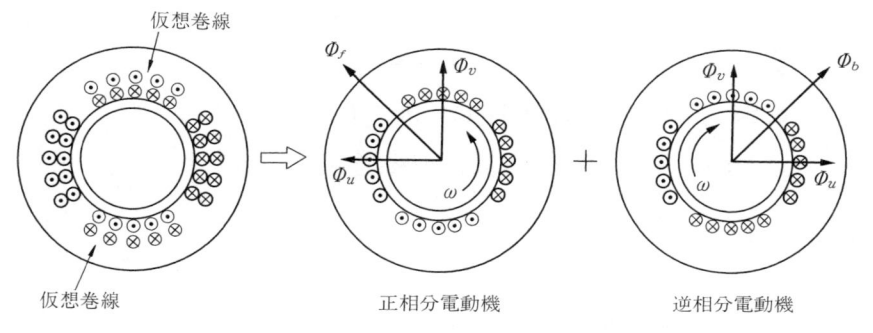

図 4.45 二電動機理論

仮想巻線／正相分電動機／逆相分電動機

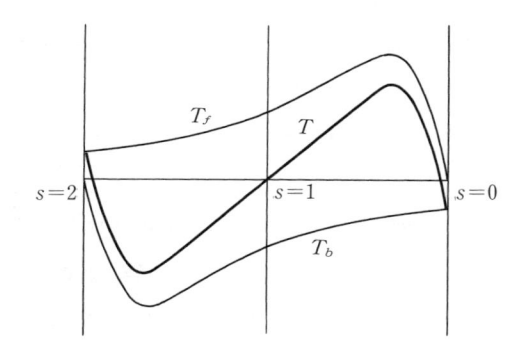

図 4.46 単相誘導電動機トルク特性

が単相誘導電動機のトルクとなる。この結果から，$s=1$ の始動時において単相誘導電動機の始動トルクが零であることが説明される。

二電動機理論に基づいて導出された単相誘導電動機の等価回路を図 **4.47**

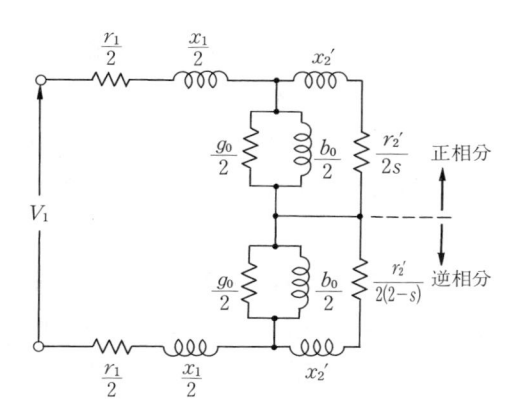

図 4.47 単相誘導電動機の等価回路

に示す。なお，この等価回路は正相分電動機を基準として導いたものであり，逆相分電動機のすべり s' は，正相分電動機の同期速度を ω_0，すべりを s とすれば，逆相分電動機の速度は相対的に $-\omega$ であるから

$$s' = \frac{\omega_0 - (-\omega)}{\omega_0} = \frac{\omega_0 + (1-s)\omega_0}{\omega_0} = 2 - s \tag{4.63}$$

で与えられる。

4.5.2 二相回転磁界

単相誘導電動機の始動トルクは零であり，実際にはなんらかの方法によって始動トルクを得る必要があるので，最初から**二相回転磁界**（two-phase rotating magnetic field）が形成されるようにすれば始動トルクを得ることができる。すなわち，単相誘導電動機の固定子の単相巻線に加え，新たに補助巻線を設けるという方法を適用することである。

ここで，二相回転磁界を形成するときの補助巻線の影響について検討する。補助巻線 a を主巻線 m に対して空間的に $\pi/2$ ずらして配置する。各巻線電流 I_m, I_a による起磁力の最大値を F_{mm}, F_{am}，電流間の位相差を θ とすれば，各電流による起磁力は

$$F_m = F_{mm} \cos \omega t \tag{4.64}$$
$$F_a = F_{am} \cos (\omega t - \theta)$$

で表すことができる。

ここで，二つの電流の大きさ，すなわち起磁力の大きさおよび位相差の大きさによって合成磁界がどのようになるか検討する。**図 4.48**(a)は $I_m \neq I_a$ すなわち $F_m \neq F_a$ で，$\theta = \pi/3$ の場合について，時刻の経過に伴う合成磁界の変化を示すとともに，これによって長軸，短軸の方向が傾いた楕円回転磁界が形成されることを示している。

また，図(b)は $I_m \neq I_a$, $\theta = \pi/2$ の場合であり，I_m, I_a の大きさによって長径と短径が決まる楕円回転磁界となることがわかる。さらに，図(c)は m 相，a 相巻線に位相差が $\pi/2$ で同じ大きさの電流を流したとき，すなわち，I_m

4.5 単相誘導電動機

(a) $i_m \neq i_a$, $\theta = \pi/3$

楕円回転磁界

(b) $i_m \neq i_a$, $\theta = \pi/2$

楕円回転磁界

(c) $i_m = i_a$, $\theta = \pi/2$

円形回転磁界

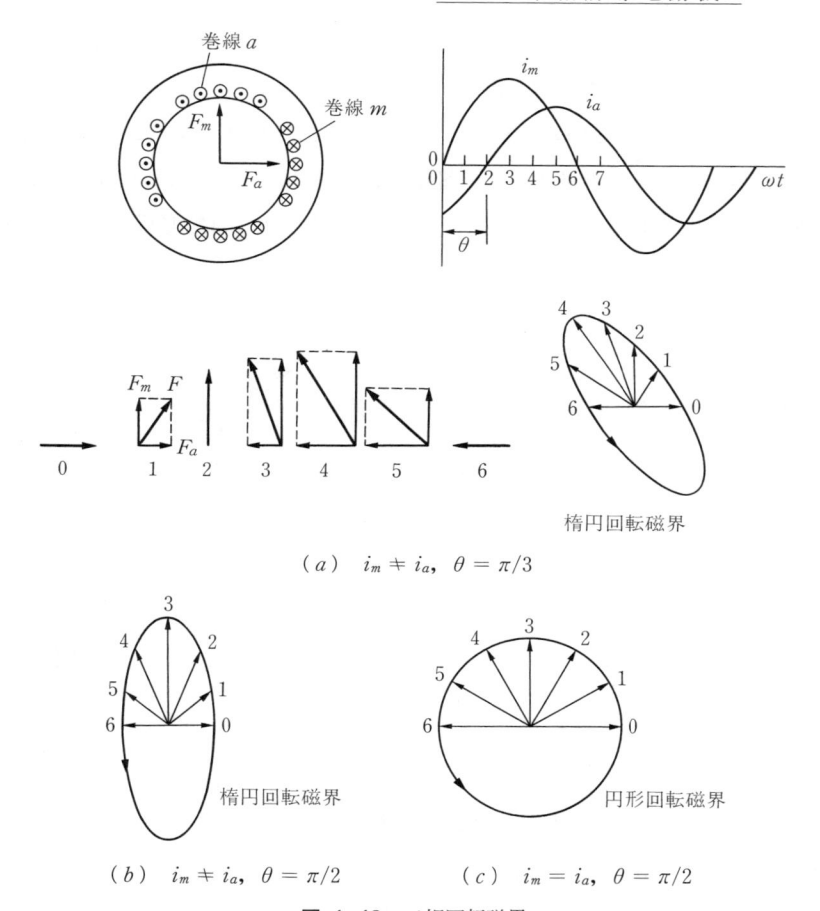

図 4.48 二相回転磁界

$= I_a$, $\theta = \pi/2$ の場合である。このときは磁界の大きさが一定で角速度 ω で回転する円形回転磁界となる。以上のことから，二相巻線を施すことによって楕円あるいは円形の回転磁界が形成されることがわかる。

4.5.3 始動方法による分類

単相誘導電動機には始動トルクがないため，始動するために種々の工夫をしている。始動方法により以下の単相誘導電動機に分類されるが，いずれも位相

差を有する二つの起磁力によって二相回転磁界を得るための工夫をしている。

〔**1**〕 **分相始動形単相誘導電動機**（split-phase start induction motor）図 **4.49** のように本来の固定子巻線（主巻線）に加えて，空間的に $\pi/2$ 離れた位置に抵抗が大きく巻数の少ない補助巻線を施す。二つの巻線に流れる電流の間に位相差が生じるため，楕円回転磁界が形成されるので電源の投入とともに始動させることができる。

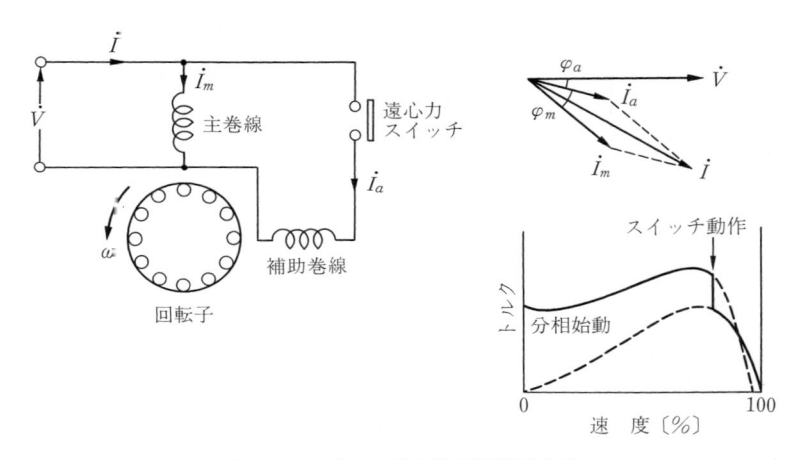

図 **4.49** 分相始動形単相誘導電動機

〔**2**〕 **コンデンサ始動形単相誘導電動機**（capacitor-start induction motor） 図 **4.50** のように，補助巻線にコンデンサを直列に挿入すると，補助巻線電流と主巻線電流との間に位相差が生じるため楕円回転磁界が形成される。ある回転数まで速度上昇すると遠心力スイッチによりコンデンサが切り離されるのがコンデンサ始動形である。

その他にも，図 **4.51** のようにコンデンサが接続されたままの永久コンデンサ形，さらに始動用および運転用の二つのコンデンサが接続されるものなど，種々の形式のものがあるがそれらを総称して一般に**コンデンサモータ**（condenser motor）と呼んでいる。家庭用として冷蔵庫，洗濯機，換気扇など多くの電気製品に組み込まれている電動機である。

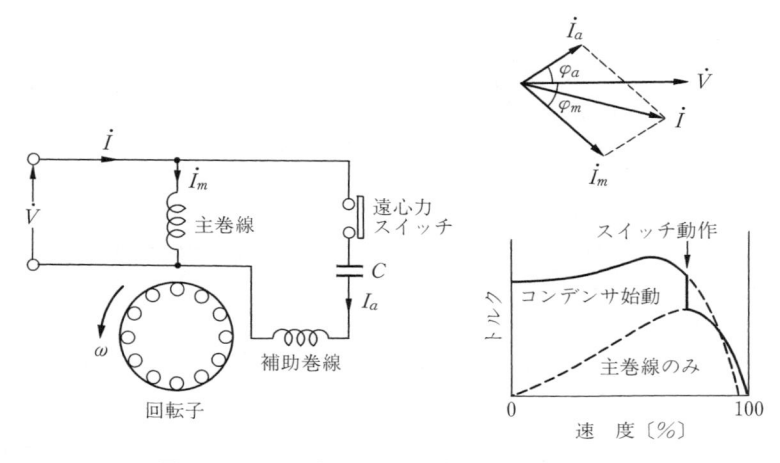

図 4.50 コンデンサモータ（コンデンサ始動形）

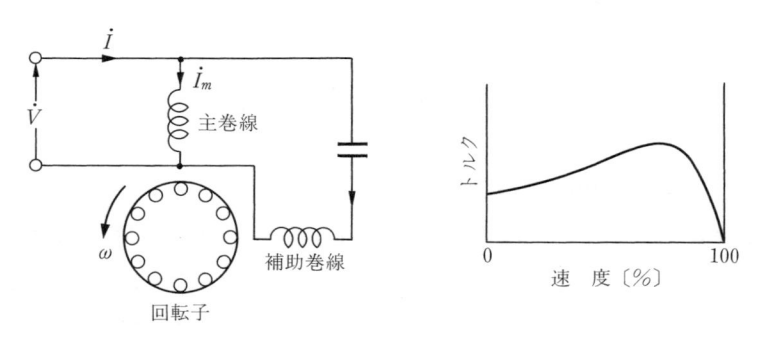

図 4.51 永久コンデンサモータ

〔**3**〕 **くま取り電動機**（shaded-pole motor）　図 4.52 に示すように磁極が突極構造であり，他の単相誘導電動機とは構造的にきわめて異なるものである。磁極端の一部にくま取りコイルと呼ぶ銅製のリングを挿入する。この部分をくま取り部とすれば，界磁巻線による磁束は非くま取り部の磁束 $Φ_a$ とくま取り部の磁束 $Φ_b$ に分けられる。$Φ_b$ が鎖交することによってくま取りコイル中に誘導起電力 E_r が生じる。さらに，E_r によって短絡電流 I_r が流れることから反作用磁束 $Φ_r$ を発生する。この反作用磁束の影響によりベクトルで示すように，くま取り部を通過する磁束は $Φ_b + Φ_r$ となり，$Φ_a$ との間に位相差

150   4. 誘　導　機

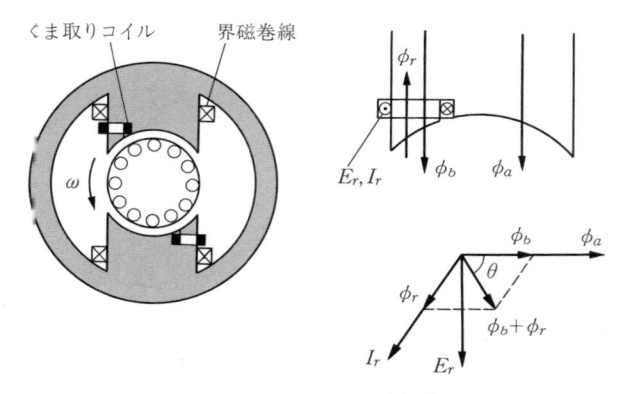

図 4.52　くま取り電動機

θ が生じる．その結果，非くま取り部からくま取り部の方向に移動（回転）磁界が発生することになる．

4.6　誘導電圧調整器

4.6.1　単相誘導電圧調整器

単相誘導電圧調整器（single-phase induction regulator）は単巻変圧器と同じように，連続的に可変出力電圧を得るための機器である．単巻変圧器では一次巻線と二次巻線の磁気的結合が変化しないが，誘導電圧調整器（induction regulator）では，構造が図 4.53 に示すように回転機構造になっているため，回転子を任意の角度だけ回転させ，二次巻線に鎖交する磁束の大きさを変えることによって二次誘導起電力の大きさを変化させている．

一次巻線（**分路巻線**（shunt winding））W_1 と二次巻線（**直列巻線**（series winding））W_2 のなす角 θ が零であれば，W_1 によって作られる磁束 Φ はすべて W_2 に鎖交し，二次誘導起電力 E_2 を発生する．このときの E_2 を**調整電圧**（regurated voltage）という．θ が任意の大きさであるとき，二次巻線に鎖交する磁束は $\Phi \cos \theta$ となり，二次誘導起電力も $E_2 \cos \theta$ となる．W_1 と W_2 は直列に接続されているので，二次合成誘導起電力は，W_1 と W_2 の実効巻数比

4.6 誘導電圧調整器

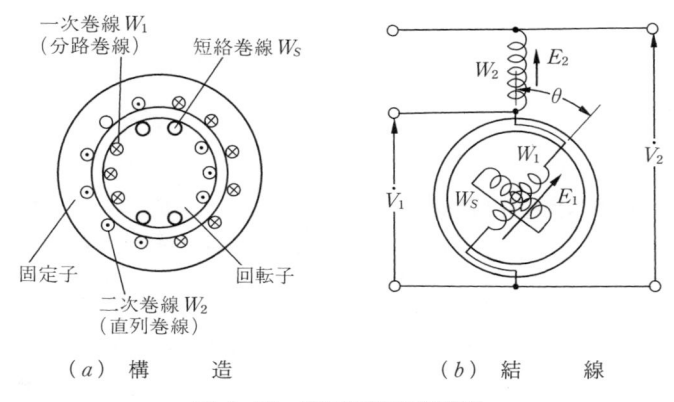

図 4.53 単相誘導電圧調整器

(a) 構　造　　　(b) 結　線

を a とすると

$$E_1 + E_2 \cos\theta = E_1(1 + \cos\theta/a) \quad [\text{V}] \tag{4.65}$$

で与えられる。

ここで，巻線によるインピーダンス降下を無視すると，入力電圧 $V_1 = E_1$，出力電圧 $V_2 = E_1 + E_2 \cos\theta$ となり，θ が 0 から π まで変化するとき，**図 4.54** に示すように V_2 は

$$(1 - 1/a)V_1 \leq V_2 \leq (1 + 1/a)V_1 \tag{4.66}$$

の範囲で連続的に変化することになる。

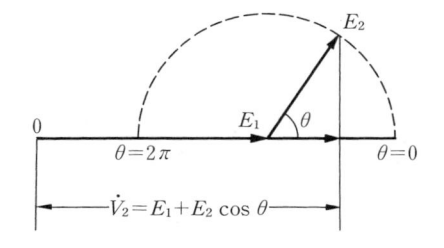

図 4.54 二次電圧の変化範囲

二次負荷電流が流れると起磁力 F_2 が生じる。そのうち $F_2 \cos\theta$ は変圧器の場合と同じように一次負荷電流 I_1' によって打ち消されるが，$F_2 \sin\theta$ は漏れ磁束となる。しかし，$F_2 \sin\theta$ は二次巻線と直交する位置に施されている短絡巻線 W_S と鎖交するため，短絡巻線に誘導される短絡電流 I_s によって打ち消

される。

誘導電圧調整器の定格容量は二次定格電流を I_2 とすれば $E_2 I_2 \times 10^{-3}$ 〔kVA〕で与えられる。

4.6.2 三相誘導電圧調整器

三相誘導電動機の回転子を拘束して一次電圧を加えると，二次巻線には一次周波数に等しい周波数の起電力が誘起する。ここで，一次巻線と二次巻線を直列に接続して回転子の位置を変化させれば，二次側には一次および二次誘導起電力のベクトル和として出力電圧が得られる。これが**三相誘導電圧調整器** (three-phase induction regulator) の原理である。

巻線の接続を図 **4.55**(a) に示す。一次および二次巻線を星形接続し，固定子と回転子のなす角 θ を変化させる。一次巻線および二次巻線の誘起起電力 E_1，E_2 の大きさは θ に無関係に一定であるが，二次相電圧 V_u は図 (b) に示すように

$$V_u = \sqrt{(E_1 + E_2 \cos \theta)^2 + (E_2 \sin \theta)^2}$$
$$= E_1 \frac{\sqrt{a^2 + 1 + 2a \cos \theta}}{a} \quad 〔V〕 \tag{4.67}$$

となる。ただし，a は実効巻数比（$k_1 w_1 / k_2 w_2$）である。したがって，巻線の

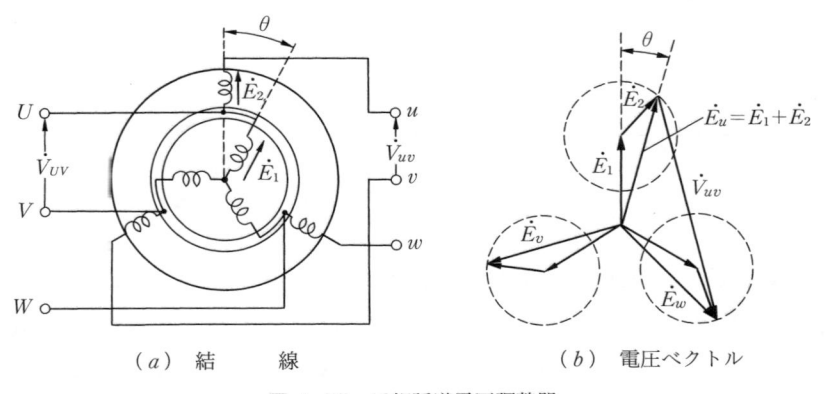

(a) 結　線　　　　　　　　　(b) 電圧ベクトル

図 **4.55**　三相誘導電圧調整器

コーヒーブレイク

リニアモータによる超高速鉄道

これまでの電気鉄道では，電動機の回転力を車輪に伝達し，車輪とレールとの摩擦力（粘着力）によって車両を駆動している。しかし，ある速度以上になると摩擦力に頼る方式にも限界がある。これを解決するために検討されたのが，車両に直接駆動力を得ることができるリニアモータによる超高速鉄道である。

リニアモータの構造は，回転形の電動機（同期電動機）を直線状に展開して固定側と可動側に分割したものである（次章参照）。それぞれを車両側と地上側に取り付けると，直接車両を電磁力によって推進・制動することができるので，車輪は停止あるいは低速走行時に車両を支持・案内するだけの役目となる。高速走行時では超電導磁石によって磁気的に浮上・案内を行う（図 4.56）。このように，直接的に駆動力を得るリニアモータは，物を引っ張る，あるいは押すという原点に立ち返った輸送システムを実現したといえる。

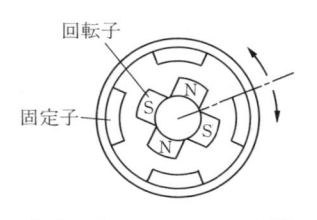

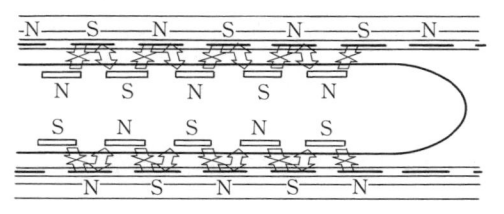

(a) リニアモータへの展開　　(b) 推進の原理

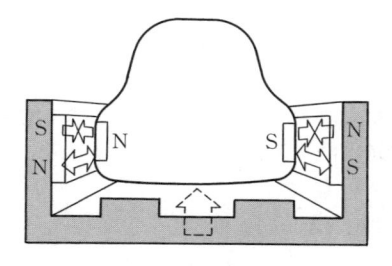

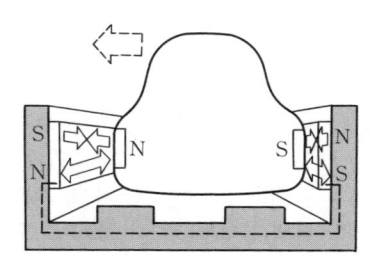

(c) 浮上の原理　　(d) 案内の原理

図 4.56　磁気浮上式鉄道

リニアモータによる超高速鉄道には，設備費が高い，効率・力率が低いなどの問題もあるが，超高速化（500 km/h）が可能，急勾配での運転が可能，低騒音・低振動，保守がきわめて少ない，などの利点がある。

インピーダンスを無視すれば，二次線間電圧 V_{uv} は，θ が 0 から π まで変化するとき，一次線間電圧 V_{UV} との間に

$$(1 - 1/a)V_{UV} \leqq V_{uv} \leqq (1 + 1/a)V_{UV} \tag{4.68}$$

のように連続的に変化する。

また，θ によって V_{UV} と V_{uv} の間の位相 δ も変化するため，電圧の位相のみを変化させる**位相器**（phase shifter）としても利用できる。

演 習 問 題

【1】 誘導電動機が回転するには，すべりが必要であるというが，その理由を述べよ。

【2】 極数 $p = 6$ の三相誘導電動機の全負荷時の回転数は $N = 1\,140\,\text{rpm}$ である。電源周波数が $f = 60\,\text{Hz}$ であるとき，すべりはいくらになるか。

【3】 極数 $p = 4$ の三相誘導電動機を周波数 $f_1 = 50\,\text{Hz}$，電圧 $V = 200\,\text{V}$ で運転した。回転数 $N = 1\,440\,\text{rpm}$ のときの，始動時と運転時の二次誘導起電力 E_{20}，E_{2s} および二次周波数 f_{20}，f_{2s} の値はいくらになるか。ただし，実効巻数比 $a = 8$ である。

【4】 極数 $p = 6$ の三相誘導電動機のスロット数が 54 であるとき，巻線を全節分布巻にしたときの基本波，第 3 高調波，第 5 高調波に対する分布巻係数 k_1，k_3，k_5 はいくらになるか。

【5】 8 極，25 kW，220 V，60 Hz の三相誘導電動機の試験を行い，つぎの結果を得た。これらの値から簡易等価回路の回路定数を算定せよ。
　　抵抗測定：$R = 0.071\,\Omega$（線間），　$t = 16\,°\text{C}$
　　無負荷試験：$V_1 = 220\,\text{V}$，　$I_0 = 25\,\text{A}$，　$W_0 = 1\,420\,\text{W}$
　　拘束試験：$V_s = 49.5\,\text{V}$，　$I_s = 90\,\text{A}$，　$W_s = 2\,085\,\text{W}$

【6】 極数 $p = 4$ の三相誘導電動機を周波数 $f_1 = 60\,\text{Hz}$，電圧 $V = 200\,\text{V}$ で運転した。すべり $s = 0.05$ のときに，トルク $T = 25\,\text{kg-m}$ を発生している。このときの二次入力 $P_2[\text{kW}]$，機械出力 $P[\text{kW}]$ はいくらか。

【7】 誘導電動機の始動方法を述べよ。また，始動時に異常現象が起きて正常に回転しない場合があるというが，どのような場合か。

【8】 極数 $p=4$ の巻線形誘導電動機の全負荷時の速度は $N=1\,728\,\text{rpm}$ である。全負荷トルクで始動するときには，外部始動抵抗 R の値をいくらにすればよいか。ただし，回転子巻線は星形結線であり，一相の抵抗を $r\,[\Omega]$ とする。

【9】 誘導電動機の速度制御の方法について述べよ。

【10】 特殊かご形誘導電動機の構造上の特徴はなにか。また，どのような動作をするのか。

【11】 誘導電動機を逆回転は簡単にできるという。その方法と理由を説明せよ。

【12】 単相誘導電動機の始動トルクは零であるというが，その理由を説明せよ。

【13】 単相誘導電動機の始動トルクを得る方法として普通に用いられるのはどのようなものか。

5

同　期　機

　同期機（synchronus machine）とは極数と電源の周波数によって決まる同期速度と呼ばれる一定速度で回転する交流機である。同期発電機は交流発電機を代表するものである。発電所では水車や蒸気タービン，内燃機関によって発電機を回転させ，機械エネルギーを電力という電気エネルギーに変換しているが，その発電機はほとんど同期発電機である。このときの交流起電力の周波数は回転速度と極数によって決まる。また，同期発電機に交流電力を供給すると同期電動機となり，大出力，定速度電動機や精密速度制御用電動機として使用されている。

5.1　同期発電機の原理

　一般的な三相同期発電機について説明する。図 5.1(a) に示すように，直流磁界中の三相巻線が磁束を切って回転すると，巻線中に vBl の法則による誘導起電力 e が発生する。これは第 2 章で学んだ直流機の場合と同じであるが，同期機では発生した誘導起電力を整流しないで図に示すように交流のまま出力する。図 (a) の 2 極機では導体が N 極から S 極の下を通過すると起電力が 1 サイクル変化する。また，図 (b) の 4 極機では 1 回転する間に起電力は 2 サイクル変化し，p 極機では 1 回転する間に起電力は $p/2$ サイクル変化する。したがって，回転数が n_s [rps] のときの起電力の周波数はつぎのように表すことができる。

$$f = n_s \frac{p}{2} \quad [\text{Hz}] \tag{5.1}$$

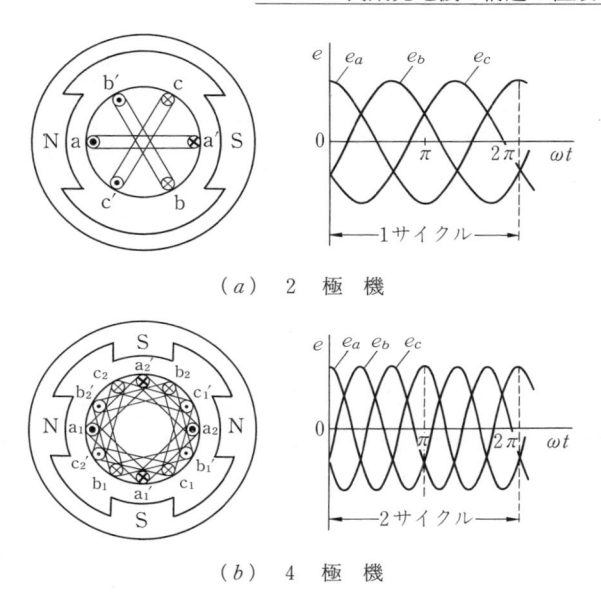

5.2 同期発電機の構造と種類　157

(a) 2 極 機

(b) 4 極 機

図 5.1 同期発電機の原理

すなわち，p 極機で周波数 f の起電力を発生させるには次式の速度 N_s で回転しなければならない。この N_s を同期速度という。

$$N_s = \frac{120f}{p} \quad [\text{rpm}] \tag{5.2}$$

5.2 同期発電機の構造と種類

5.2.1 回転界磁形と回転電機子形

界磁を固定子とし，その磁界中で電機子を回転する代わりに，電機子導体を固定子として配置し，その中で界磁を回転しても起電力は生じる。いずれの方法を採用するかによって，構造上つぎのように分類される。

〔**1**〕 **回転界磁形**（revolving-field type）　図 5.2(a) のように，電機子が固定子となり界磁が回転子となる。回転界磁形は構造的に強度があり，回転子から外部への配線が二本で済むため，大容量機で使用される。さらに，界磁

(1) 突 極 形 　　　(2) 円 筒 形
(a) 回転界磁形　　　　　　(b) 回転電機子形
図 5.2　構　　造

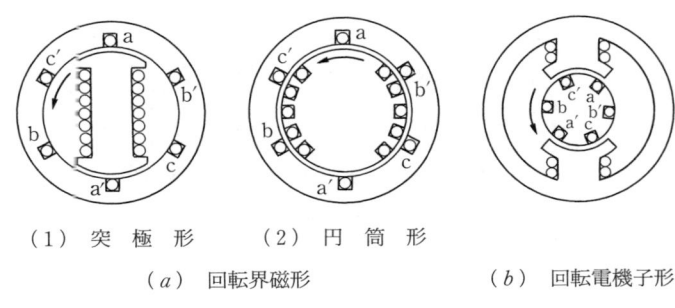

の形状により円筒界磁形と突極界磁形に分けられる。

〔**2**〕　**回転電機子形**（revolving-armature type）　図(b)のように，直流機と同様に電機子が回転子となり界磁が固定子となるもので，小容量機にのみ使用される。

5.2.2　原動機による分類

同期発電機を駆動するための原動機によって発電機の構造も変化するため，つぎのような分類がある。

〔**1**〕　**水車発電機**（water-wheel generator）　水車発電機は突極回転界磁形を採用し，発電機に直結した水車で駆動する。約 1 000 rpm 以下の比較的低速度で回転するため，50 または 60 Hz の電力を得るには極数を多くする必要がある。また，大きな周辺速度を得るには回転子直径を大きくする必要があり，大容量機では重量が大きくなる。そのため，小容量の高速機で横軸形を採用する以外は，構造上立て軸形を採用している。図 5.3 は立て軸の水車発電機であるが，発電機の上部には界磁電流を流すための励磁機が直結されている。最近では励磁機に直流発電機ではなく半導体を使用した静止形の直流電源を使用することが多くなっている。

立て軸形水車発電機の一つの形式でかさ形発電機と呼ばれる発電機がある。回転子のスパイダを傾斜させ，かさを開いたような形状にしたものである。構造的に安定性が良く低速大容量機に適している。

図5.3 水車発電機

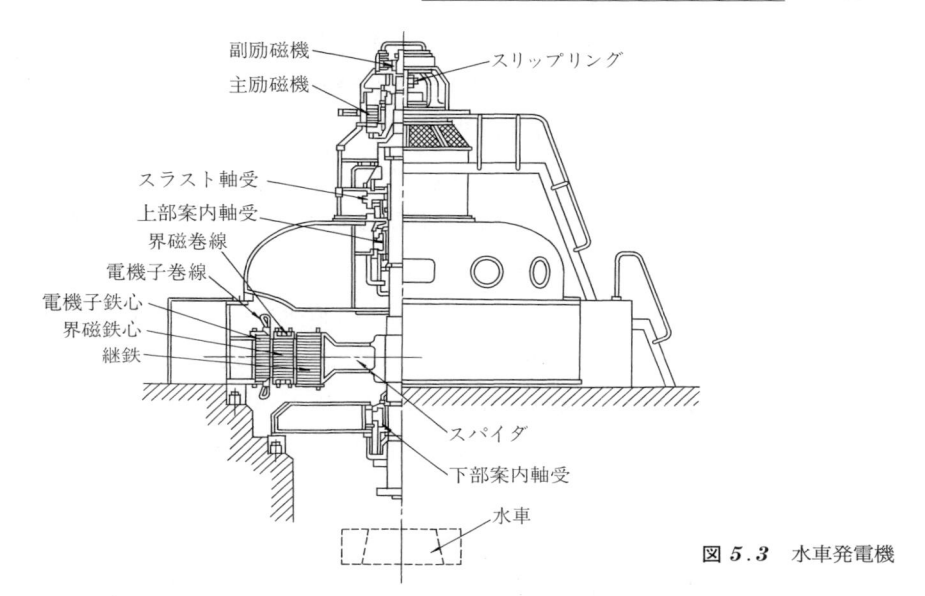

〔2〕 **タービン発電機**（turbine generator）　タービン発電機は蒸気タービンまたはガスタービンによって駆動され，1500〜3600 rpm で高速回転するため極数はほとんどが2極または4極である。風損を少なくするために**図5.4**のように横軸の円筒界磁形として回転子直径を小さくし，回転子と軸を一体構造として製作する。高速回転の遠心力による破壊のおそれがあるため機械的強度の点から突極界磁形は採用されない。

　冷却は中容量機までは空気による強制通風方式であるが，40 MVA 以上で

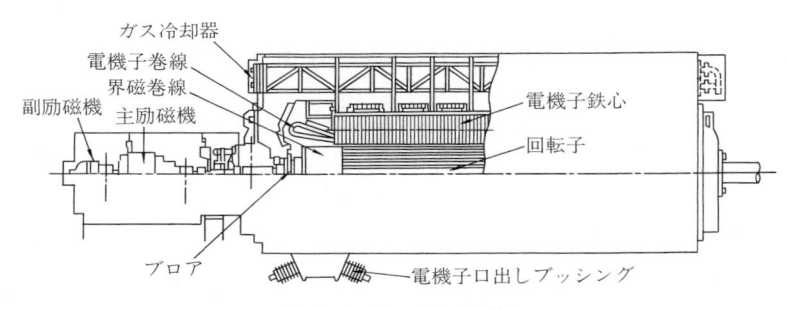

図5.4 タービン発電機

は水素冷却方式となる。冷却媒体として空気の代わりに水素ガスを用いるが，水素ガスの密度が小さいので風損が空気の場合の約10％に減少し，発電機効率が1％程度向上する。また，水素の熱伝導率が空気の約7倍であり冷却効果が増大する。空気中の酸素による酸化がないためコイル絶縁の寿命が長くなるなどの長所がある。しかし，水素ガスには爆発の危険があるので構造は完全密閉する必要があることから設備費が高くなる。

近年では，熱を発生するコイルの絶縁物を除いて直接コイルを冷却する直接冷却方式の採用によって，冷却効率が飛躍的に増大している。

〔3〕 **エンジン発電機**（engine generator）　エンジン発電機はディーゼル機関などの往復運動をする内燃機関によって回転されるため，回転トルクが一定とならず回転数が変動する。この変動分を吸収するためには，回転子にはずみ車を取り付けて**はずみ車効果**（fly-wheel effect）をもたせている。また，一般に横軸の回転界磁形を採用しているが，回転電機子形として回転トルクの均一化を図る場合もある。

非常用電源，離島・船舶などで比較的小容量の電源として使用される。

5.3　同期発電機の理論

5.3.1　誘導起電力

〔1〕 **全節・集中巻の場合の起電力**　図5.5に示すように，磁束密度B〔T〕の磁界中を有効長さl〔m〕，巻数wの全節・集中巻の電機子巻線が，速度v〔m/s〕で磁束を切るとき，1個の巻線の誘導起電力e〔V〕は，つぎのように与えられる。

$$e = 2wvBl \quad 〔V〕 \tag{5.3}$$

ここで，磁束密度がつぎのような正弦波分布をするものとする。

$$B = B_m \sin(2\pi f_1)t = B_m \sin \omega t \quad 〔T〕 \tag{5.4}$$

また，磁極ピッチをτ，電機子直径をDとすれば，式(5.1)および$\tau = \pi D/p$，$v = \pi D N_s/60$より

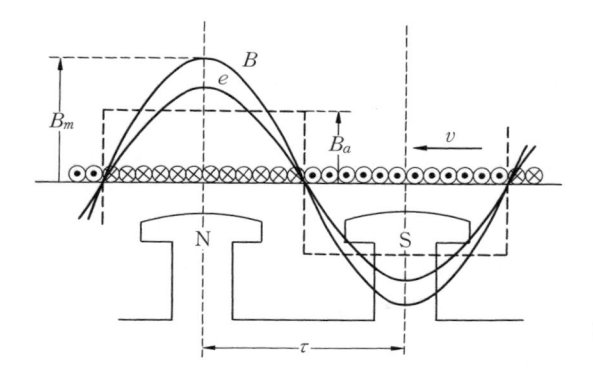

図 5.5 磁束分布と誘導起電力

$$v = 2\tau f_1 \quad [\text{m/s}] \tag{5.5}$$

であるから，式(5.3)は

$$e = 2w \cdot 2\tau f_1 \cdot B_m \sin \omega t \cdot l = E_m \sin \omega t \quad [\text{V}] \tag{5.6}$$

となる．したがって，磁束密度が正弦波分布である場合には，起電力も E_m を最大値とする正弦波となることがわかる．ただし，$E_m = 4\tau w f_1 l B_m$ である．

正弦波分布をしている磁束密度の平均値は $B_a = (2/\pi) B_m$ であるから，一磁極当りの磁束 Φ は

$$\Phi = B_a \tau l = (2/\pi) B_m \tau l \quad [\text{Wb}] \tag{5.7}$$

となる．したがって，起電力の実効値 E_a は次式で表される．

$$E_a = E_m/\sqrt{2} = \sqrt{2}\pi w f_1 \Phi = 4.44 w f_1 \Phi \quad [\text{V}] \tag{5.8}$$

これが1個のコイルに誘起される起電力である．このコイルが p 個直列に接続されて相電圧を誘起しているので，一相の直列巻線数 $W_1 = pw$ とすれば，一相分の相電圧（実効値）E は次式で表される．

$$E = p \times 4.44 w f_1 \Phi = 4.44 W_1 f_1 \Phi \quad [\text{V}] \tag{5.9}$$

〔2〕 **短節・分布巻の場合の起電力** 式(5.9)で求めた相電圧は，全節・集中巻の場合の値である．第4章で説明したように，実際の発電機では磁束密度分布を正弦波とすることは困難であり，そのため起電力は多くの高調波を含んだひずみ波となる．したがって，磁束密度分布および起電力の波形改善を目的として，磁極片の形状を工夫することに加え，巻線は短節・分布巻で施

される。

したがって，このときの誘導起電力の大きさを求めるには，巻線係数 $k = k_d k_p$ を考慮して

$$E = 4.44 k_d k_p W_1 f_1 \Phi = 4.44 k W_1 f_1 \Phi \quad [\text{V}] \tag{5.10}$$

で表わされる。

電機子巻線の巻き方には，図 **5.6** に示すように，重ね巻，波巻および鎖巻の三種類がある。一般に重ね巻，波巻は二層巻，鎖巻は単層巻とする。

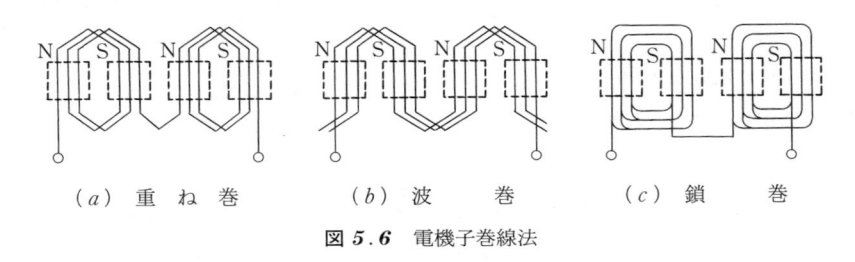

(*a*) 重ね巻　　　(*b*) 波　巻　　　(*c*) 鎖　巻

図 **5.6**　電機子巻線法

5.3.2　電機子反作用

第2章で学んだように，直流機においては電機子電流が流れることにより主磁束である界磁磁束分布が変化し，直流機の特性が変化するなどの影響が生じた。これを電機子反作用と呼んだが，同期機においても同様の電機子反作用が発生する。同期機では交流機であるため直流機に比べて電機子反作用の及ぼす影響も複雑になる。

無負荷状態の同期機では界磁起磁力 F_f のみが存在している。負荷が加わると負荷電流である電機子電流による起磁力 F_a が新しく発生し，新たな磁束を発生する。電機子電流は $2\pi/3$ ずつ位相がずれて配置された三相巻線に流れるため新しい磁束は界磁と同期した回転磁界を生じ，界磁起磁力 F_f に影響を及ぼす。このとき F_f と F_a の関係は直流機の場合よりも複雑になる。なぜなら，電機子反作用の影響は電機子電流の大きさのみならず，無負荷誘導起電力 E_0 に対する電機子電流の位相 θ によっても多様に変化するからである。非突極（円筒形）発電機の場合を例として説明すると以下のようになる。

5.3 同期発電機の理論

1) $\theta = 0$　　電機子電流が無負荷誘導起電力と同相となる純抵抗負荷の場合である。F_a は図 5.7(a) のように F_f に直交して作用し，磁極上の磁束分布は非対称になる。これを**交差磁化作用**（cross magnetizing effect）という。図では F_f と F_a の合成起磁力が大きくなっているが，実際には鉄心の磁気飽和のため一極当りの磁束はむしろ減少する傾向にある。

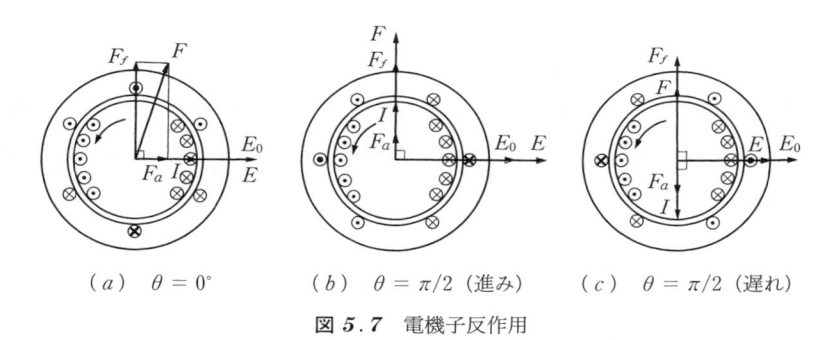

(a)　$\theta = 0°$　　　　(b)　$\theta = \pi/2$（進み）　　　　(c)　$\theta = \pi/2$（遅れ）

図 5.7　電機子反作用

2) $\theta = \pi/2$　　電機子電流が無負荷誘導起電力より $\pi/2$ 進んでいる容量負荷の場合である。F_a は図(b)のように F_f と同じ方向に作用するため，主磁束を強める。これを**磁化作用**（magnetizing effect）という。

3) $\theta = -\pi/2$　　電機子電流が無負荷誘導起電力より $\pi/2$ 遅れているインダクタンス負荷の場合である。F_a は図(c)のように F_f に逆向きに作用し，主磁束を弱める。これを**減磁作用**（demagnetizing effect）という。

ブロンデルが提唱した二軸理論により，界磁起磁力 F_f の方向を直軸，直軸

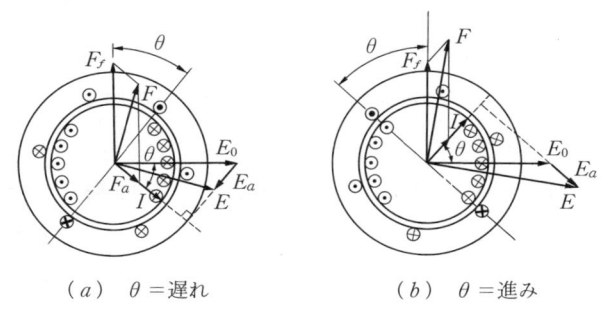

(a)　$\theta = $遅れ　　　　　　　($b$)　$\theta = $進み

図 5.8　θ が任意の大きさのときのベクトル

に直交する方向を横軸として扱うことがある。そのため，磁化および減磁作用を**直軸反作用**（direct axis reaction），交差磁化作用を**横軸反作用**（quadrature axis reaction）ともいう。

一般に，θ は任意の大きさであり，そのときの起磁力などの関係は**図 5.8** のベクトル図で示される。

5.3.3 等 価 回 路

電機子電流 I によって生じる磁束の一部は，界磁を通らずに電機子巻線のみに鎖交する漏れ磁束となる。この漏れ磁束は電機子巻線に起電力を発生させる。この起電力を E_a' とすれば

$$E_a' = jx_l I \tag{5.11}$$

で表すことができる。このときの x_l を**漏れリアクタンス**（leakage reactance）という。

残りの磁束は界磁を通過し主磁束との間で電機子反作用を生じる。進み電流による磁化作用の場合は電圧が増加し，遅れ電流による減磁作用の場合は電圧が減少する。この電圧の増減は，電機子回路に等価的にリアクタンスを直列に接続したことと同じであるから，反作用による電圧の増減分を E_a'' とすれば

$$E_a'' = jx_a I \tag{5.12}$$

で表し，リアクタンス x_a による電圧降下として置き換える。このときの x_a を**電機子反作用リアクタンス**（armature reaction reactance）という。

さらに，$x_a + x_l = x_s$ とし，x_s を**同期リアクタンス**（synchronous reactance）という。電機子巻線の抵抗を r とすれば同期発電機の等価回路を**図 5.9** のように表すことができる。また，このときのベクトル図は**図 5.10** となる。

図 5.9 の等価回路において，$r + jx_s = \dot{Z}_s$ を**同期インピーダンス**（synchronous impedance）という。無負荷誘導起電力 E_0 を**公称誘導起電力**（synchronous internal voltage），負荷時の実際の誘導起電力 E を**内部起電力**（internal electromotive force）という。また，**図 5.10** において，ϕ は力率角

5.3 同期発電機の理論

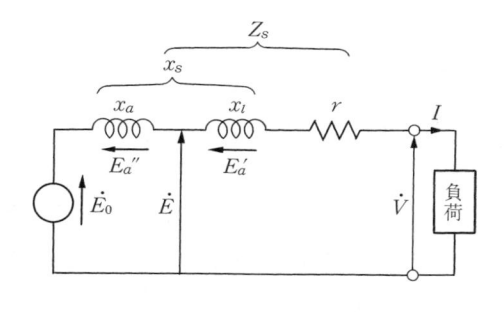

図5.9 等価回路

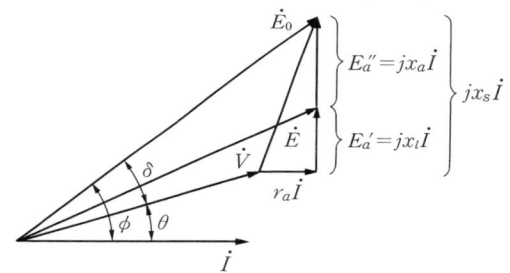

図5.10 ベクトル図

であり，δ は E_0 と V の位相差で負荷の大きさによって変化する角度であり，**負荷角**（power angle）または**内部相差角**（internal phase angle）という。

電機子で発生する内部起電力 E，公称誘導起電力 E_0 と発電機端子電圧 V の関係は**図5.9**よりつぎのように表される。

$$\dot{E}_0 = jx_a \dot{I} + \dot{E} \tag{5.13}$$

$$\dot{V} = \dot{E}_0 - (r + jx_a + jx_l)\dot{I} = \dot{E}_0 - (r + jx_s)\dot{I}_a = \dot{E}_0 - \dot{Z}_s \dot{I} \tag{5.14}$$

以上の説明は，非突極の円筒形機の場合について述べたものである。突極構造では，磁極片に近い部分はギャップが小さく磁気抵抗も小さいが，中心部分はギャップが大きく磁気抵抗も大きくなるため，電機子電流による反作用起磁力 F_a によって生じる磁束の分布が磁極の直軸方向と横軸方向によって異なる。すなわち，直軸方向と横軸方向では反作用の影響が異なる。このことを考慮するため反作用リアクタンス x_a を直軸反作用リアクタンス x_{ad} と横軸反作用リアクタンス x_{aq} の二成分に分けて考える。したがって，同期リアクタンス

もつぎのように二軸成分に分けて取り扱う。

$$x_{ad} + x_l = x_d：直軸（同期）リアクタンス$$
$$x_{aq} + x_l = x_q：横軸（同期）リアクタンス \quad (5.15)$$

以上のことから，任意の遅れ力率の場合の突極機のベクトル図は**図 5.11** のように表すことができる。なお，一般に，$x_d > x_q$ であるが，円筒形では $x_d = x_q = x_s$ に相当すると考えることができる。また，リアクタンス等の回路定数は〔Ω〕で表すよりも，**単位法**（unit method）〔pu〕で表すことが多い。

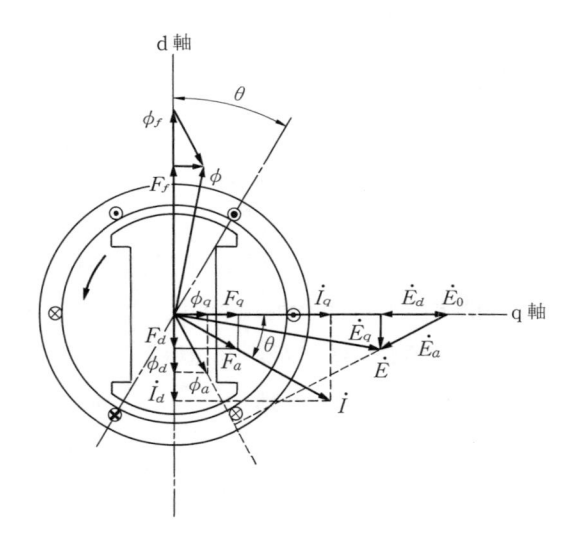

図 5.11 突極機のベクトル図
（θ ＝任意（遅れ））

単位法とは，ある大きさをその絶対値ではなく，基準となる値に対する比で表す方法である。すなわち，電圧，電流の定格値 V_n，I_n を基準値とし，抵抗，リアクタンス，インピーダンスなどはそれらの各値と定格電流による電圧降下と定格電圧との比で表す。例えば

$$x_d[\text{pu}] = \frac{x_d[\Omega] \cdot I_n[\text{A}]}{V_n[\text{V}]} \quad (5.16)$$

のように求める。単位法によれば，種類，構造，容量などが異なる同期機の特性を比較検討することが容易になる。

5.4 同期発電機の特性

5.4.1 同期発電機の出力

円筒形同期発電機の一相当りの出力 P_2 は入力 P_1 から損失を引いたものであり，次式で表される．

$$P_2 = P_1 - rI^2 = VI \cos \phi \tag{5.17}$$

同期機では，一般にリアクタンスに比べて抵抗 r は小さいのでこれを無視すると，発電機内部での損失がないことになる．したがって，出力はほぼ入力に等しいとみなされる．また，入力 P_1 は次式で表される．

$$\begin{aligned} P_1 &= E_0 I \cos \phi = E_0 I \cos(\theta + \delta) \\ &= E_0 I (\cos \theta \cos \delta - \sin \theta \sin \delta) \end{aligned} \tag{5.18}$$

図 **5.10** のベクトル図において，抵抗 r を無視すると $x_s = Z_s$ となり，図 **5.12** のベクトル図が得られる．この図からつぎの関係が求められる．

$$\begin{aligned} IZ_s \sin \theta &= E_0 \cos \delta - V \\ IZ_s \cos \theta &= E_0 \sin \delta \end{aligned} \tag{5.19}$$

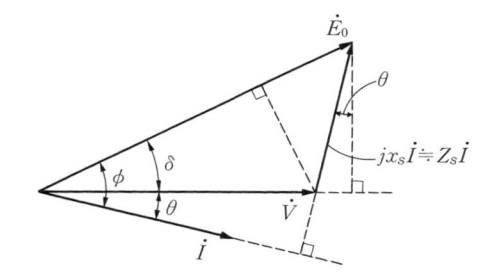

図 5.12 抵抗を無視したときのベクトル図

さらに両式より，$I \cos \theta = (E_0/Z_s) \sin \delta$, $I \sin \theta = (E_0 \cos \delta - V)/Z_s$ が得られる．これらを式 (5.17) に代入すると

$$\begin{aligned} P_2 \fallingdotseq P_1 &= E_0 I (\cos \theta \cos \delta - \sin \theta \sin \delta) \\ &= E_0 \left(\frac{E_0}{Z_s} \sin \delta \cos \delta - \frac{E_0 \cos \delta - V}{Z_s} \sin \delta \right) \end{aligned}$$

$$= \frac{E_0 V}{Z_s} \sin \delta \qquad (5.20)$$

となる。

式 (5.20) において，磁束と回転数が決まると E_0 は一定となる。さらに V も一定という運転条件であれば，発電機出力 P_2 は $\sin \delta$ のみに比例し，$\delta = \pi/2$ のとき，最大出力 $P_{\max} = E_0 V / Z_s$ となる。

突極形同期発電機の出力を求めるのはやや複雑であり，結果のみを次式で示す。

$$P_2 \fallingdotseq \frac{V(x_d - x_q)}{2 x_d x_q} \sin 2\delta + \frac{V E_0}{x_d} \sin \delta \qquad (5.21)$$

式(5.20)および式(5.21)で求めた出力 P_2 と $\sin \delta$ の関係を図 **5.13** に示す。なお，以上の結果は，抵抗による抵抗損 rI^2 を無視し $P_2 \fallingdotseq P_1$ として求めたものである。このような条件においては，V と E_0 の記号が入れ替わるが，結果として電動機出力も発電機出力と同じ式で表現される。

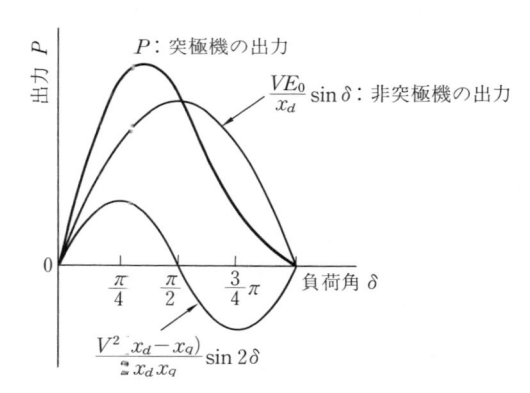

図 5.13 同期発電機の出力

5.4.2 同期発電機の特性曲線

〔**1**〕 **無負荷飽和曲線と短絡曲線**　　三相同期発電機を無負荷状態で定格速度で運転したときの端子電圧 V と界磁電流 I_f の関係を示すと，図 **5.14** のようになる。界磁電流の増加に伴い端子電圧が飽和傾向を示すことからこれを**無負荷飽和曲線**（no-load saturation curve）という。発電機ごとに飽和状態

5.4 同期発電機の特性

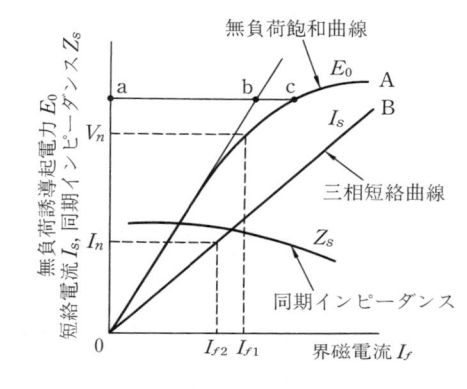

図 5.14 無負荷飽和曲線と短絡曲線

が異なり，その飽和の程度を示すのが**飽和率**（saturation factor）である．一般に飽和率は図の 1.2 V_n における bc/ab の値で示される．線分 0b は無負荷飽和曲線 0A の 0 点における接線である．

三相同期発電機の出力端子を短絡し，定格速度で運転したときの短絡電流と界磁電流の関係を示すのが**短絡曲線**（short-circuited curve）であるが，図中の 0B で示されるようにほぼ直線となる．

〔2〕 **百分率同期インピーダンス** 無負荷状態で定格電圧 V_n を発生させるに必要な界磁電流 i_{f1} と，定格電流 I_n に等しい三相短絡電流を流すに必要な界磁電流 i_{f2} の比を**短絡比**（short-circuit ratio）といい，$K_s = i_{f1}/i_{f2}$ で表す．短絡比は発電機の特性を示す重要な数値であり，水車発電機で 0.8～1.2，タービン発電機で 0.5～0.8 の値である．

同期インピーダンスを Z_s とすれば $Z_s = E/I$ として求められるが，値は一定ではなく**図 5.14** 中に示した曲線のように変化する．定格電圧 V_n における同期インピーダンスは

$$Z_s = \frac{V_n/\sqrt{3}}{I_s} \tag{5.22}$$

となり，定格電流を I_n とすれば

$$Z_0 = \frac{I_n Z_s}{V_n/\sqrt{3}} \times 100\,\% \tag{5.23}$$

を**パーセント（百分率）同期インピーダンス**（percentage synchronous

impeadance）という。また，図 5.14 から Z_0 は

$$Z_0 = \frac{\bar{I}}{\bar{I}_s} \times 100\,\% \tag{5.24}$$

として求められる。したがって，短絡比 K_s を求めることで百分率同期インピーダンスを知ることができる。

　短絡比が大きい機械は，同期インピーダンスが小さいので電機子反作用の影響が小さい。また，電機子巻線数を少なく，界磁起磁力を大きくして磁束を増やした，すなわち磁気装荷を大きくするように設計されているため，**機械の寸法が大きい鉄機械**（iron machine）の傾向にある。機械重量は重くなり価格も高いが，電圧変動率は小さく，過負荷耐量の大きな機械となる。

　一方，短絡比の小さい機械は，同期インピーダンスが大きいので電機子反作用の影響が大きい。ギャップが狭いので界磁起磁力は小さいが，アンペア導体数を大きくした，すなわち電気装荷の大きい**銅機械**（copper machine）の傾向にある。寸法，重量の割には比較的出力が大きくなるが，端子電圧の変化の割合は悪くなる。

〔3〕 **負荷飽和曲線**　　発電機を定格速度で運転し，一定力率で一定電流の状態を保つようにしたとき，端子電圧 V と界磁電流 I_f の関係を示したのが**負荷飽和曲線**（load saturation curve）である。特に一定力率の定格電流に対するものを，その力率に対する**全負荷飽和曲線**（full-load saturation curve）と呼び図 5.15 に示すようになる。また，遅れ零力率の場合を**零力率負荷飽和曲線**（zero power-factor load saturation curve）という。

　一般に，小容量機を除いて全負荷飽和曲線を実測で求めることは困難であるが，比較的簡単な無負荷試験と短絡試験の結果から計算と図式的な方法によって，零力率負荷飽和曲線を推定する方法がある。

　図 5.16 において，遅れ零力率の負荷電流が流れるとその起磁力 F_a による電機子反作用は減磁作用となる。ここで r_a を無視すると $r_a I$ は零となり，$F = F_f - F_a$ と近似される。この F によって E_0 が誘起し，端子電圧は $V = E_0 - x_l I$ になる。したがって，図中の界磁電流 0 e から反作用起磁力 F_a に相

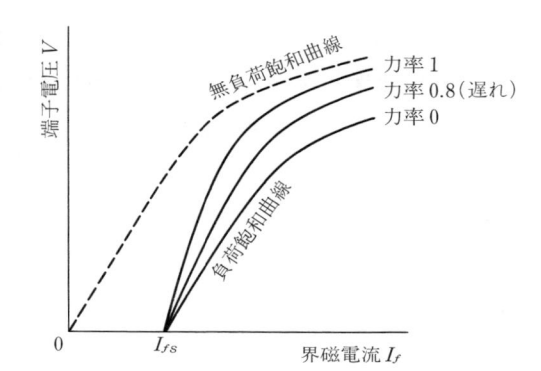

図 5.15 全負荷飽和曲線

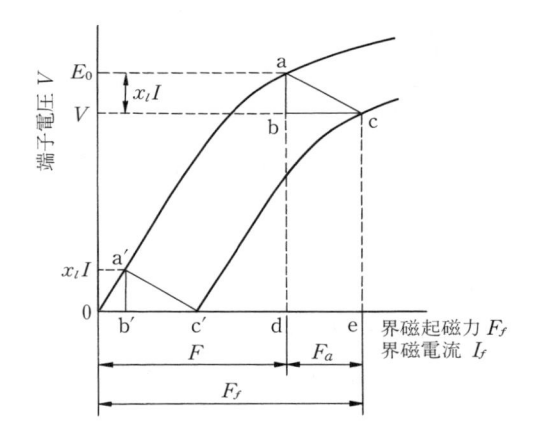

図 5.16 零力率飽和曲線の推定

当する de を引けば F に相当する 0 d が求まる。0 d に対する無負荷誘導起電力 E_0 は無負荷飽和曲線上の a 点から $E_0 =$ ad として求まり，ab $= x_l I$ とすれば，$V = E_0 - x_l I =$ ad $-$ ab $=$ bd $=$ ce から c 点が定まる。

また，電機子が短絡した場合に負荷電流に等しい短絡電流が流れるときの界磁電流を0c′とすれば，この内の0b′は $x_l I =$ a′b′ を生じるために必要な界磁電流であり，残りの b′c′ が電機子反作用起磁力 F_a に相当する界磁電流である。すなわち，△a′b′c′ ≡ △abc となる。したがって，無負荷飽和曲線を a′c′ の長さだけその方向に平行移動したものが零力率負荷曲線になる。△a′b′c′ を**ポーシェの三角形**という。

〔4〕 **電圧変動率**　　発電機を定格速度で運転し，定格電流 I_n において定

格電圧 V_n が発生する定格負荷状態から，励磁電流，力率を一定として無負荷状態にしたときの状態を示すのが**外部特性曲線** (external characteristic curve) である。図 **5.17** は各力率における外部特性曲線である。

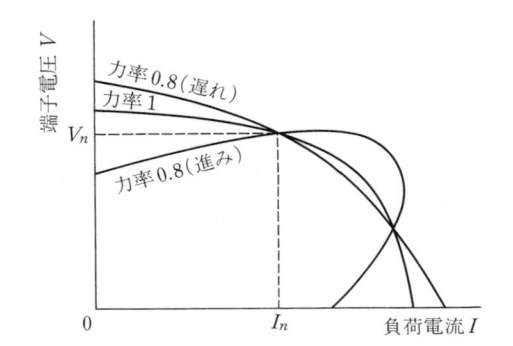

図 **5.17** 外部特性曲線

無負荷電圧を V_0 とすれば，定格電圧 V_n との電圧変動の割合が**電圧変動率** (voltage reguration) として次式で求められる。

$$\varepsilon = \frac{V_0 - V_n}{V_n} \times 100\,\% \tag{5.25}$$

〔5〕 **損失と効率**　同期発電機におけるパワーの流れは図 **5.18** のように示される。三相同期発電機の端子電圧（相電圧）を V，負荷電流を I，負荷力率を $\cos\phi$ とすれば，出力 P_2 は $m_1 VI \cos\phi$ となる。全損失を P_l とすれば，効率は

$$\eta = \frac{P_2}{P_2 + P_l} \times 100 = \frac{m_1 VI \cos\phi}{m_1 VI \cos\phi + P_l} \times 100\,\% \tag{5.26}$$

となる。

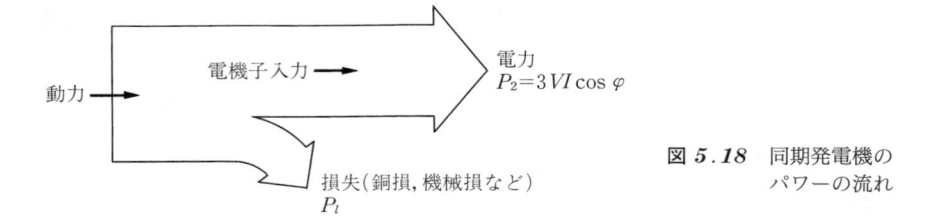

図 **5.18** 同期発電機のパワーの流れ

5.4 同期発電機の特性

同期発電機の定格出力は，電機子端子における皮相電力〔kVA〕または〔MVA〕で表されるが，力率を併記するのが一般的である。

〔**6**〕 **自己励磁現象**　図 $5.19(a)$ のように，同期発電機に進み力率の負荷が接続されているとき，電機子反作用は磁化作用を行うことはすでに説明した。発電所の同期発電機が無負荷状態であっても，送電線が接続されていると，送電線の線間容量や対地容量が大きな C（コンデンサ）負荷とみなされる。このような場合には，無励磁（$I_f = 0$）の状態でも残留磁束によってわずかの残留電圧 E_r が誘起して小さい電機子進み電流 I_a が流れ，磁化作用によってわずかであるが端子電圧 V が上昇する。電圧が上昇するとさらに電流が大きくなり磁化作用も強められる。これを繰り返すことで端子電圧が徐々に大きくなっていく。この現象を**自己励磁**（self-saturation）という。電圧がどこまで上昇するかは図(b)に示す充電特性と無負荷飽和曲線の交点 p で定まる。p 点を電圧確立点という。充電特性は周波数を f とすれば

$$I_a = 2\pi f C V \tag{5.27}$$

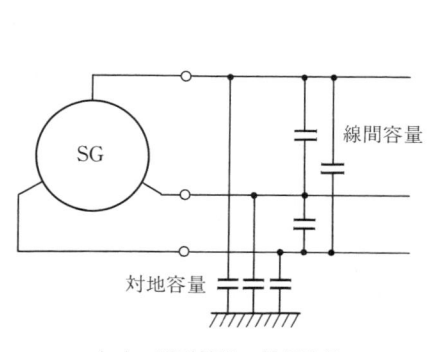

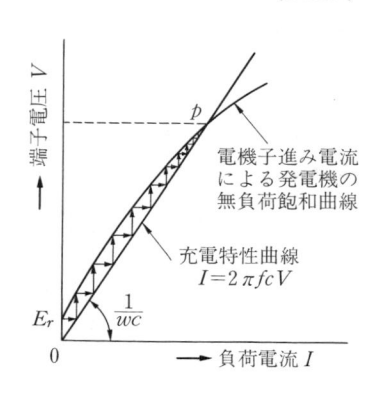

(a) 送電線路の静電容量　　　(b) 自己励磁による電圧確立

図 5.19　自己励磁現象

で示される。また，その傾きは $1/\omega C$ となる。もし，C の値が大きい場合には端子電圧が定格電圧以上になって絶縁破壊を招く危険がある。

5.5 同期発電機の並行運転

5.5.1 運転条件と方法

同期発電機（synchronons generator）は複数で負荷を分担しながら運転することが多い。このような運転を**並行運転**（parallel operation）という。並行運転を行うためにはつぎの条件を満たす必要がある。

- 起電力の大きさが等しい。
- 起電力の位相が一致している。
- 起電力の周波数が等しい。

このほかに，相順および波形が同じであるという条件もあるが，いずれもあらかじめ満足するように発電機が製作されているため特に問題としない。

図 5.20 に示すように，並行運転を行うにはまずスイッチ S_1 を閉じて発電機 SG_1 を運転し，全負荷状態とする。つぎに，発電機 SG_2 を始動してその電圧および周波数を SG_1 と一致させるように界磁電流および原動機の速度を調整する。

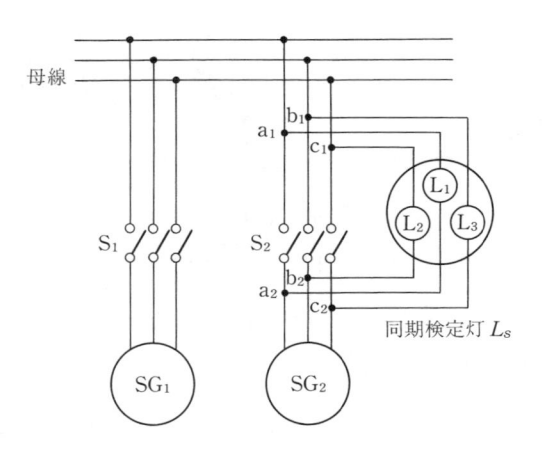

図 5.20 三相同期発電機の並行運転

周波数が一致していない場合は，図 5.21(a) の $\sin\phi$ が変化し，同期検定灯 Ls のランプ L_1，L_2，L_3 の明るさが変化するが，周波数が一致すると図

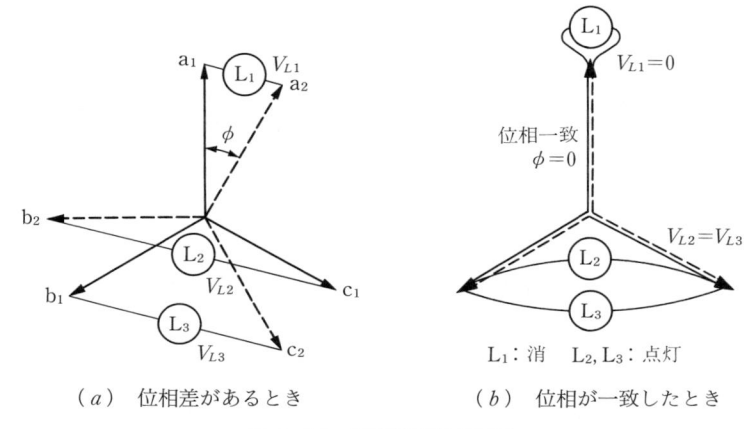

図 5.21 同期検定灯の原理

(a) 位相差があるとき (b) 位相が一致したとき

L_1：消 L_2, L_3：点灯

(b)のようにL_1が消え，L_2，L_3が同じ明るさになる。この後，S_2を閉じると並行運転状態に入る。

S_2を閉じてもSG_2は無負荷であるから，力率計を見ながら，SG_1およびSG_2の速度，界磁を調整してSG_1およびSG_2の出力を変化させて，負荷に供給する電力を分担させる。

5.5.2 異 常 現 象

並行運転を行っている途中で運転条件が満たされなくなると，つぎのような異常現象が起きる。

〔1〕 **起電力の大きさが異なった場合**　二台の発電機で並行運転しているとき，なにかの原因により起電力の大きさが異なり，$E_{01} > E_{02}$となった場合は，図5.22に示すように起電力の差$E_i = E_{01} - E_{02}$による無効電流I_cが両発電機間を流れる。I_cはSG_1に対しては遅れ電流となるため減磁作用が生じてE_{01}を減少させる。また，SG_2に対しては進み電流となるため磁化作用が生じてE_{02}を増加させる。これらの作用はE_{01}とE_{02}が等しくなるまで行われる。I_cが流れることにより発電機内部で抵抗損が生じるが，I_cは零力率の無効電流であるため出力には無関係である。このためI_cを無効循環電流という。

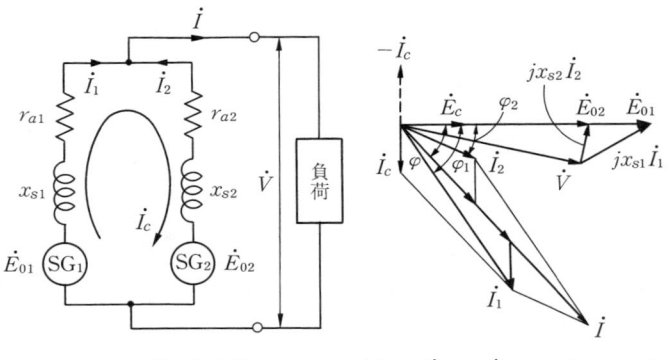

(a) 等価回路　　(b) $\dot{E}_{01} > \dot{E}_{02}$ のときのベクトル

図 5.22　$\dot{E}_{01}$ と $\dot{E}_{02}$ の大きさが異なるとき

〔2〕 **起電力の位相が異なった場合**　並行運転をしているときに，図 5.23 に示すようになんらかの原因で一方の発電機 SG_1 の速度が上昇すると，E_{01} の位相が進むため，E_{02} との間に位相差 δ が生じる。その結果，$E_r = E_{01} - E_{02}$ による循環電流 I_c が両発電機間を流れる。この電流 I_c は SG_1 に対しては負荷を増やして速度を下げ，SG_2 に対しては負荷を減少させて速度を上げる働きをする。その結果，δ を零とする**同期化力**（synchronizing power）が作用し，起電力は再び同相に戻る。このため電流 I_c を**同期化電流**（synchronizing current）という。

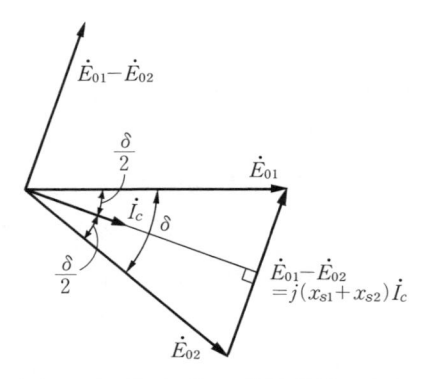

図 5.23　$\dot{E}_{01}$ と $\dot{E}_{02}$ の位相が異なるとき

〔**3**〕 **起電力の周波数が異なった場合**　起電力の周波数が異なると，周期的に起電力の位相が一致しない瞬間が生じる。このとき発電機間に同期化電流が流れるため，速度も周期的に変動する現象が生じる。これを**乱調**（hunting）という。

5.6　同 期 電 動 機

5.6.1　同期電動機の原理

同期電動機の構造は基本的に同期発電機と同じである。固定子の三相巻線に三相交流を供給すると回転磁界が発生し，この回転磁界がゆっくりと回れば，回転子の磁極との間に吸引力が働き，回転子もこれに追随して回転トルクを発生する。これが同期電動機の原理である。

しかし，回転磁界が同期速度のように速い速度で回転すると，慣性があるために回転子は磁界に追従できない。さらに，回転磁界の半回転ごとに回転方向と逆方向のトルクが交互に発生し，平均トルクが零になるため回転しなくなる。すなわち，回転子が同期速度で回るときのみ回転トルクが作用する。そのため，電源電圧を加えただけで始動トルクを有しないので，なんらかの方法で磁極を同期速度まで回転させる必要がある。

5.6.2　同期電動機の始動法と種類

同期電動機の始動時にはなんらかの力で回転子を外部から回してやる工夫が必要である。これが他の電動機と非常に異なる点であり，実際にはつぎのような方法が考えられている。

〔**1**〕**自 己 始 動**　小形の回転界磁形電動機の回転子表面にかご形巻線を設け，かご形誘導電動機と同じ原理で始動させる方法である。この巻線は一般に**制動巻線**（damper winding）と呼ばれ，回転磁界と回転子の間に速度差が生じたときに誘導電流が流れ，同期速度に戻る作用をさせる，すなわち，乱調を押さえるための巻線である。

〔2〕 **始動電動機による始動**　大型の同期電動機に誘導電動機などの小型始動用電動機を直結して始動し，同期速度近くに達して，定格電圧，定格周波数の状態になったときに界磁を励磁する。また，同時に誘導電動機との直結を外す。このとき同期電動機に**引き入れトルク**（pull-in torque）が作用して同期運転状態になる。

〔3〕 **低周波始動**　周波数が低い場合は同期状態に入りやすく，小さい電流で大きなトルクが得られる。そのため可変周波数電源が準備できるときは，電動機をこれに接続し，低周波数で起動して同期状態を保った状態で電源周波数を定格周波数まで上昇させる。その後，主電源に切り替える。この方法では小容量ではあるが可変周波数電源が必要となる。しかし，確実に同期運転が可能である。

5.6.3　同期電動機の特性

〔1〕 **等価回路とベクトル図**　同期電動機の等価回路は，図 5.9 の同期発電機の等価回路において入力と出力が逆になると考えることで図 $5.24(a)$ のようになる。なお，一般に同期機では $r \ll x_s$ であることから $r \fallingdotseq 0$ としている。端子電圧 V を加えると電機子電流 I が流れ，発電機における誘導起電力 E_0 は加えた電圧に対する逆起電力として作用する。この等価回路にしたが

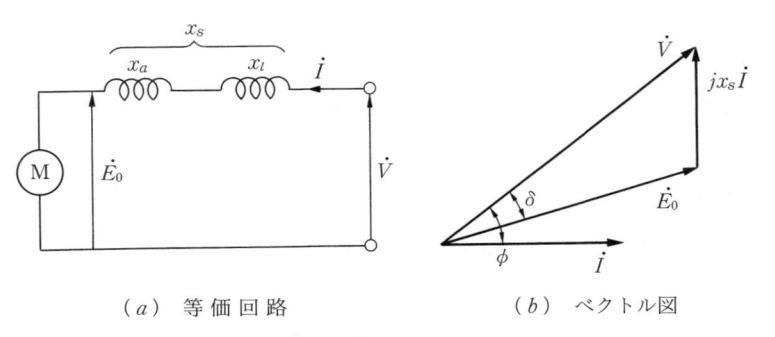

(a) 等価回路　　　　　(b) ベクトル図

図 5.24　同期電動機の等価回路とベクトル図 $(r \simeq 0)$

ってベクトル図を描くと図(b)となる。

〔2〕 **負荷特性**　等価回路において電圧方程式は次式で表される。

$$\dot{V} = \dot{E}_0 + jx_s\dot{I} \tag{5.28}$$

ここで，上式の両辺を $1/jx_s$ 倍すると

$$\frac{\dot{V}}{jx_s} = \frac{\dot{E}_0}{jx_s} + \dot{I} \tag{5.29}$$

が得られる。

同期電動機のベクトルに加え，上式の関係もベクトルで書き加えて拡張すると図 5.25 に示すベクトル図が得られる。

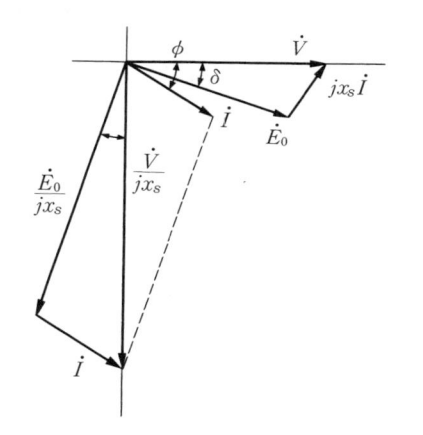

図 5.25　同期電動機の拡張したベクトル図

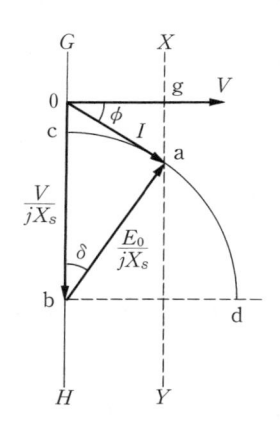

図 5.26　特性を求めるためのベクトル図

図 5.25 の一部のベクトルを図 5.26 に示す。このベクトル図を使用して，供給電圧 V，界磁電流 I_f を一定として運転したときの出力 P と電機子電流 I および力率 $\cos\phi$ の関係について考察する。

図 5.26 において，V が一定であれば V/jx_s は一定ベクトルとなり，0g $= ab\sin\delta = (E_0/jx_s)\sin\delta$ は可変ベクトルとなり出力 P を表す。また，逆起電力 E_0 は界磁電流 I_f によって変化するので，$ab = E_0/jx_s$ は界磁電流 I_f を表し，I_f を変化させる場合は可変ベクトルとなる。

いま，V および I_f が一定であるから 0b，ab は一定となる。出力 P の大き

さに応じて，0aで表される電機子電流 I は円弧 ca0 上の範囲で変化する．このときの出力 P と電機子電流 I および力率 $\cos\phi$ の関係は図 **5.27** の負荷特性となる．なお，図 **5.26** においてc点より左は $\delta<0$ となるため発電機領域である．また，d点より下では P が減少するため不安定な領域である．

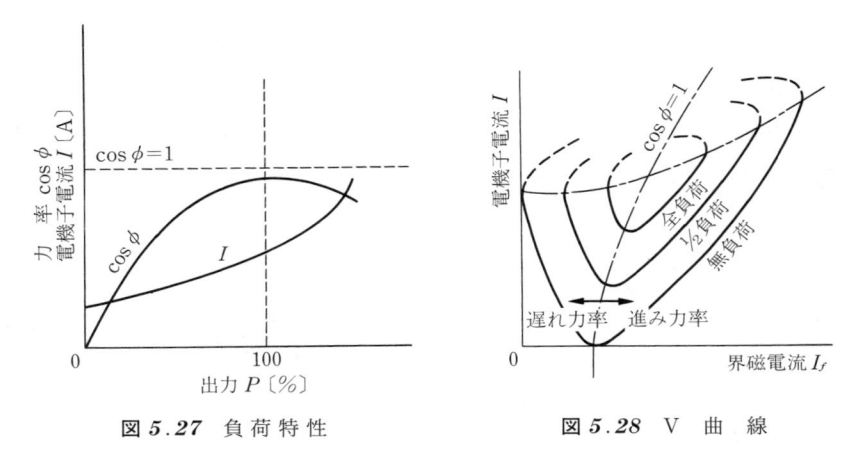

図 **5.27** 負 荷 特 性

図 **5.28** V 曲 線

〔3〕 **位 相 特 性** 図 **5.26** のベクトル図において，供給電圧 V を一定とし，一定の負荷を接続したときの界磁電流 I_f と電機子電流 I の関係を求める．

負荷，すなわち出力を示す 0g が一定であるから，このときの特性は直線 XY 上において変化させたもので，I_f の大きさによって電動機の力率が変化する図 **5.28** の**位相特性曲線**で示される．この曲線をその形状から同期電動機の **V 曲線** (V curve) ともいう．この特性から，電動機を運転するとき，界磁電流の大きさを変えることによって力率を改善できる．この特性を利用して，電力系統の電圧調整および力率改善を行うため，送電系統に無負荷の同期電動機を接続して使用することがある．このような目的に使用した同期電動機は同期調相機と呼ばれる．

5.7 その他の電動機

これまでに記述した基本的な電動機に加え，最近では特殊な構造や動作特性を有する各種の電動機が使用されている．ここでは，直流機，誘導機，同期機のような明確な区別をせずにまとめて紹介する．

5.7.1 交流整流子電動機

単相誘導電動機であるコンデンサモータは，冷蔵庫，洗濯機，換気扇など家庭用として多く使われているが，その他に身近に使用されている電動機としては掃除機，電動工具などに使用されている**交流整流子電動機**（ac commutator motor）がある．交流整流子電動機は，簡単にいえば第2章で学んだ直流直巻電動機を交流で駆動するもので，交直両用であるところから**ユニバーサルモータ**ともいう．

図 5.29 に示すように直流直巻電動機に交流電圧を加える．電圧の極性が正負に変化したとき，電機子電流の方向が変わると同時に界磁電流の方向も変化する．そのため，電機子巻線に作用する力の方向はいずれの場合も同じになり，電源の極性が変化しても回転は継続することになる．しかし，交流で駆動するためには直流機と同じ構造では不都合な点もあり，つぎのような工夫をしている．

交番磁束によって生じる鉄損を減らすために，電機子だけではなく界磁も積

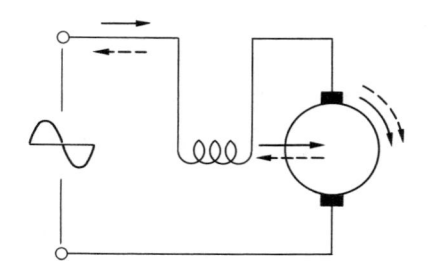

図 5.29　直巻電動機

層構造とする。回路のリアクタンスによって電圧と電流に位相差が生じて，出力に無関係な無効電流が流れる。リアクタンスを減らすために界磁巻線数を少なくする。しかし，このことによってトルクが減少するので電機子巻線数を多くする。また，電機子巻線数を増すと電機子反作用が大きくなるので，小容量機を除き，補償巻線を設けて電機子反作用を打ち消す。さらに，整流期間中にブラシで短絡されるコイルには交番磁束による変圧器起電力が生じるため，直流機の場合よりもブラシに流れる短絡電流が大きくなる。これを押さえるため電機子巻線と整流子片の間を抵抗値の大きい抵抗巻線で接続する。

単相直巻電動機は補償巻線をもたない直巻形と図 5.30 のように補償巻線をもった補償直巻形，誘導補償直巻形がある。

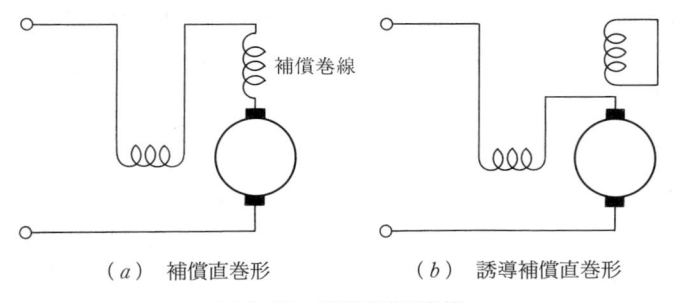

(a) 補償直巻形　　　(b) 誘導補償直巻形

図 5.30 補償直巻電動機

特性は直流直巻電動機と同じように直巻特性を有する。交流の電圧制御が容易であることから，速度制御は電圧制御によって行う。

5.7.2 サーボモータ

始動，停止，制動，逆転などを頻繁に行う制御用電動機は速度応答が良いことが望まれる。始動・停止時間が短ければ作業時間が短縮され，作業効率が良くなるためである。速度応答を良くするためには，まず機械的に慣性が小さく，電気的にインダクタンスの小さいことが必要である。また，正転と逆転時の速度トルク特性が対称で垂下特性をもっていることも必要である。これらの条件を満足する電動機として考えられたものが**サーボモータ**（survo motor）

であり，低慣性電動機ということができる。

　サーボという言葉は，Servant（召使い）のように命令通りに忠実に動くものを意味している。したがって，サーボモータを駆動するには回転子の速度や位置を検出しながら制御指令を正確に与える必要がある。ここでは駆動電源によってDCおよびACサーボモータに分類される中で，代表的なものを簡単に紹介する。

〔**1**〕　**DCサーボモータ**　　回転体の慣性は質量 G と直径 D の2乗に比例し GD^2 で表される。したがって，慣性を小さくするには，質量 G を減らして軽くする，あるいは直径 D を小さくする方法が考えられる。質量を減らして軽くしたものには，**図 5.31** (*a*) に示す電機子の軸方向長さを短くした**ディスク形プリントモータ**（print motor）と，図(*b*)の回転子鉄心を取り除いたカップ形プリントモータなど特殊な形状のものがある。これらはいずれも鉄心を

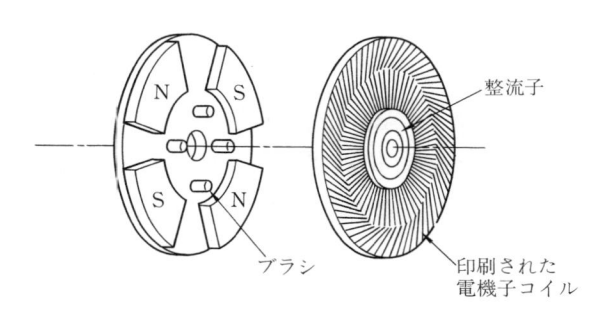

(*a*)　ディスク形

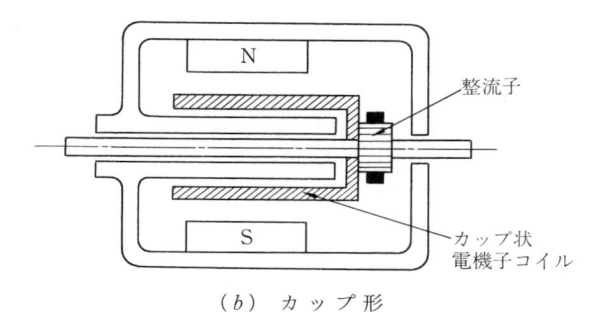

(*b*)　カップ形

図 **5.31**　プリントモータ

用いないことから**コアレスモータ** (coreless motor) とも呼ばれている。また，電機子直径 D を小さくし，軸方向長さを長くしたものでは，ミナーシャモータ（商品名）が良く知られている。

 1)　**ディスク形プリントモータ**　界磁には永久磁石を用い，軸方向に円板状の電機子に対向して配置する。電機子巻線はプリント基板によって作製するか，銅板を打ち抜いて絶縁板に張り付ける。整流はブラシを直接電機子巻線に接触させている。鉄心に納められていないのでインダクタンスが小さく，冷却効果も高い。3 kW 程度のものまで作られているが構造上大出力のものは無理である。

 2)　**カップ形プリントモータ**　ディスク形と同じような方法で電機子巻線を作製し，円筒状に配置しているが，内部鉄心を除いて低慣性としたカップ状の電機子であるため，ディスク形よりも大きな出力が得られる。界磁に永久磁石を使用し，インダクタンスが小さく，冷却効果が高いことなどはディスク形プリントモータと似ている。

〔*2*〕　**ACサーボモータ**　AC サーボモータは，DC サーボモータの整流機構による性能や保守上の制約がないという長所がある。ただし，AC サーボモータでは制御のために回転子位置および速度を検出する必要がある。そのためのセンサとしてエンコーダあるいはレゾルバがモータに組み込まれている。

　AC サーボモータは同期電動機式と誘導電動機式に大別されるが，**図 5.32**

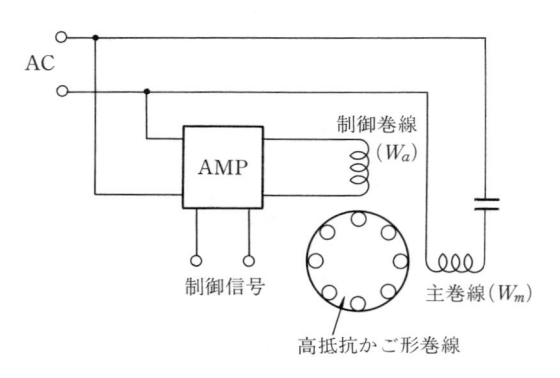

図 5.32　二相サーボモータ

に誘導電動機式の二相サーボモータを示す。このモータはかご形誘導電動機を二相電源で駆動するものと考えられる。二相交流によっても回転磁界ができることは第4章の単相誘導電動機の説明で述べたとおりである。ただし，二相サーボモータでは，主となる励磁巻線 W_m には一定電圧 V_m を加え，制御巻線 W_a には V_m と $\pi/2$ 位相のずれた制御電圧 V_a を加える。この V_a の大きさ，極性を変えることによって速度および回転方向を制御することができる。

サーボモータとしては始動トルクが大きいこと，慣性が小さく速度応答が良いこと，速度トルク特性が垂下特性で動作が安定であることなどが要求される。これらの条件を満足するため，回転子導体を高抵抗とし，形状を細長くするなどの工夫がされている。さらに，図 **5.31**(*b*) に示したように，回転子鉄心を切り離したドラグカップ形回転子を用いることもある。

5.7.3 ステップモータ

ステップモータは，**ステッピングモータ**（stepping motor）あるいは**パルスモータ**とも呼ばれている。連続的な回転運動ではなく，1個の入力パルスに対して回転子が一定の角度（ステップ角）だけ回転（ステップ）するモータである。パルス数に応じた角度だけ回転するが，パルスを連続して加えれば回転運動も可能である。ステップモータを駆動するには，図 **5.33** に示すように駆動用のドライバが必要となるが，入力パルスのみで制御できるディジタル電動機であり，広義にはサーボモータの一つとして考えられる。OA機器や産業用

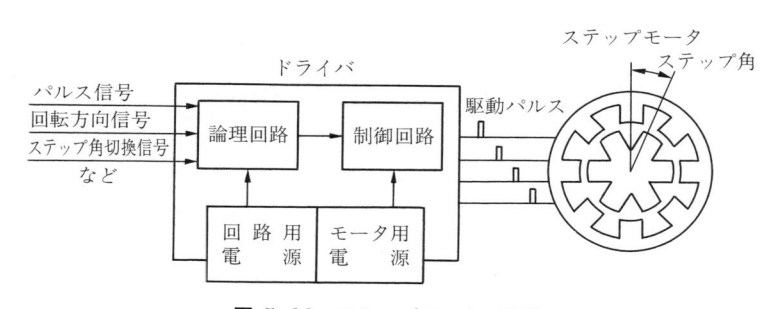

図 **5.33** ステップモータの駆動

機器に使用される重要なモータである。

ステップモータはその構造からVR（可変レラクタンス）形，PM（永久磁石）形および両者を組み合わせたHB（ハイブリッド）形に分類される。さらに，励磁方式から単相あるいは多相（2，3，4，5など）に分類することができる。

〔**1**〕 **VR形（可変レラクタンス形）ステップモータ**　図 **5.34** に一般的な三相励磁VR形ステップモータを示し，これにより回転動作を説明する。a相を励磁すると磁気抵抗（レラクタンス）が最小となる図の位置で回転子が止まる。つぎに，b相を励磁すると同様に磁気抵抗が最小となるように矢印の方向へ15°回転して止まる。このようにa→b→cの順に励磁すれば，回転子は15°ごとに時計方向へステップしながら回転する。また，a→c→bの順に励磁すれば反時計方向に回転する。

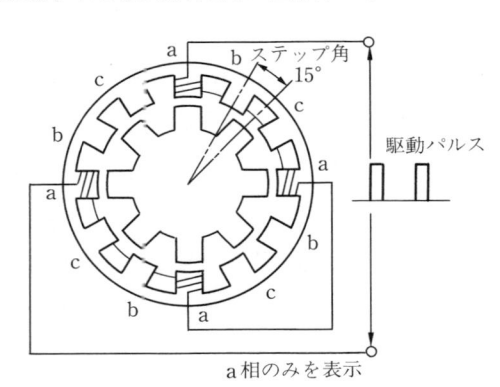

図 5.34　VR形ステップモータ（3相4極）

ステップ角は固定子および回転子の歯数，さらに相数などで決まる。ステップ角 θ は1回転を N ステップで回転するものとすれば

$$\theta = 360/N \tag{5.30}$$

となる。さらに，固定子の歯数を N_s，回転子の歯数を N_r とすれば

$$N_s = N_r \pm P \quad \text{および} \quad N_s = mP \tag{5.31}$$

となる。ただし，P は1相当りの固定子の歯数，m は相数である。したがってステップ数は

$$N = \frac{N_s N_r}{N_s - N_r} = \frac{N_s N_r}{P} \qquad (5.32)$$

となることから，ステップ角は

$$\theta = 360P/N_s N_r \qquad (5.33)$$

となる．

実際の θ は，0.45°，0.9°などの小さなものから 15°，18°などの広範囲な値となる．なお，図 **5.32** に示す構造では θ を小さくすることは無理であり，図 **5.35** に示す特殊な構造を採用している．

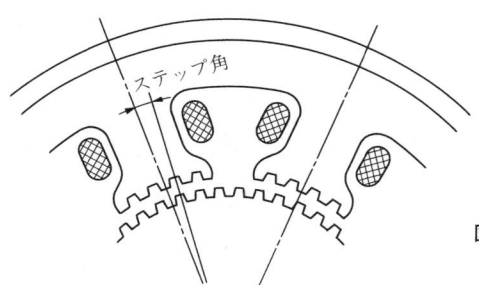

図 5.35 ステップ角を小さくした構造（ハイブリッド形パルスモータ）

〔**2**〕 **PM形（永久磁石形）ステップモータ**　　PM 形では図 **5.36** のように回転子が永久磁石となっているので，無励磁の状態でも吸引力（保持力）の働くことが特徴である．構造的にステップ角を小さくすることができず，45°や 90°のものが多い．

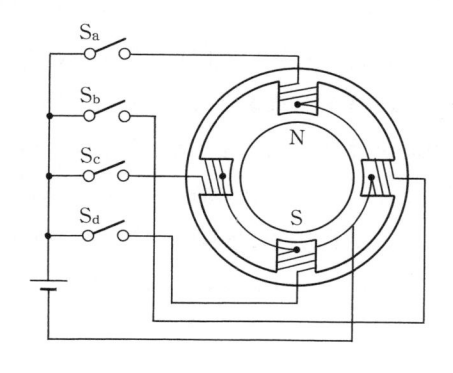

図 5.36 PM 形ステッピングモータ

5.7.4 ブラシレス DC モータ

直流電動機は直流電源で駆動するものであるが，電機子コイルに流れる電流の方向はブラシと整流子片の位置関係によってつねに変化している。すなわち，電機子コイルに流れるのは交流電流である。そのため直流機では整流が必要でありブラシによる機械的な整流を行っている。しかし，ノイズの発生，ブラシ交換の必要性などの問題点が指摘される。

これらの問題を解消するため，界磁極と電機子の相対的な位置関係を光電変換素子や磁気変換素子によって検出し，半導体スイッチング素子によって整流するのが図 5.37 に示す無整流子電動機，あるいはブラシレス DC モータと呼ぶものである。通常はサーボモータとして使用されることが多い。

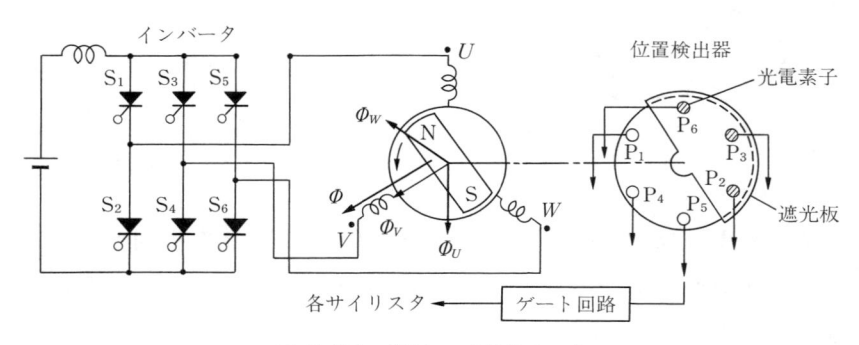

図 5.37 ブラシレス DC モータ

回転子には位置検出のための遮光円板が直結され，円板の穴を通過する光によって光電素子がオン・オフすることで回転子（磁極）の位置が判定される。さらに，光電素子からの信号によって電機子巻線に接続されている半導体スイッチング素子が順次オン・オフして整流が行われる。図では，P_1，P_3，P_6 に光が当たり S_1，S_3，S_6 は on，S_2，S_4，S_5 が off の状態にある。この結果，V 巻線はドット方向に，U，W 巻線では反ドット方向に磁束が生じ，それらの合成磁束 ϕ は図に示す状態となるので，回転子は ϕ と同じ向き，すなわち反時計方向へ回転する。

ブラシレスモータ（brushless motor）と一般の直流電動機との大きな違い

は，構造的に電機子が固定子となり，界磁極を永久磁石に置き換えて回転子としている点である。

5.7.5 リニアモータ

リニアモータ（linear motor）とは**直線**（linear）運動を示す電動機の総称である。図 **5.38** に示すように，図(a)の円筒構造の電動機を切り開いて図(c)の直線状に展開したタイプ，直線状に展開したものをさらに円筒状に丸めた図(e)のタイプがある。回転形電動機に必要な回転運動を直線運動に変換するための機構が不要で，直接直線運動が得られること，また，機械的な摩擦がないので加減速度の制限がないことが特徴である。動作原理は通常の回転形電動機と同じと考えて良い。

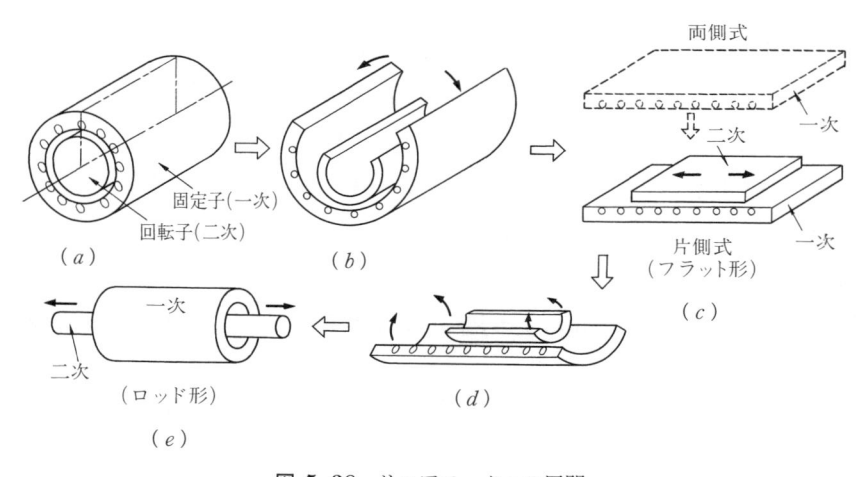

図 **5.38** リニアモータへの展開

リニアモータの種類を，その基となる回転機によって分類した例を**表 5.1**に示す。表中にあるアクチュエータとは，回転運動，直線運動にかかわらず，あらゆる動きを示すすべての機器を表す用語である。広義では電気式以外の油圧式，空気式などの駆動源による機器も含まれるが，ここでは電気を駆動源とするものに限って表示している。また，リニア振動アクチュエータおよびリニ

表 5.1 リニアモータの分類

名 称	略称	基本となる機器	応 用 例
リニア直流モータ	LDM	直 流 機	X-Y ステージ,自動カーテン
	VCM	スピーカ	HDD(ヘッド),光ディスク(ヘッド)
リニア誘導モータ	LIM	誘 導 機	搬送装置
リニア同期モータ	LSM	同 期 機	磁気浮上式鉄道
リニアパルスモータ	LPM	パルスモータ	プリンタ,FDD,イメージスキャナ
リニア振動アクチュエータ	LOA		コンプレッサ,ポンプ
リニア電磁ソレノイド	LES		ドットプリンタ

ア電磁ソレノイドは,回転機を切り開いて展開したものではなく,電磁石の磁気吸引力により直接可動体を駆動させている。永久磁石の吸引力を併用する場合もある。

リニアモータは,最近になって高速鉄道への利用などで脚光を浴びているが,リニアモータの高速化,非接触駆動,小型化が可能であるという特徴を生かして,以下のような多くの分野で利用されている。

輸　　送:磁気浮上列車,車輪式リニアモーターカー,リニアエレベータ

搬　　送:工場内での搬送,立体式搬送,クリーンルーム内搬送,高速仕分け装置

FA 機 器:工作機械の位置決め装置,ロボット移送装置,溶融金属・ガラスの駆動制御

OA 機 器:ディスクドライブ装置,プリンタ装置,プロッタ装置

そ の 他:人工心臓,非鉄金属の回収装置,カーテン・ドアの開閉,各種試験装置

5.7.6 超音波モータ

これまでの電動機の回転原理は,電磁誘導則あるいはフレミングの法則によって説明されるといってよい。**超音波モータ**(ultrasonic motor)は,物質の表面に伝わる波動を利用したモータで,従来の電動機とはまったく発想の異な

るものである。**図5.39**に動作原理を示す。実際のモータは回転運動を行う回転機であるが，表現を簡単にするため直線状に展開した形で表現している。

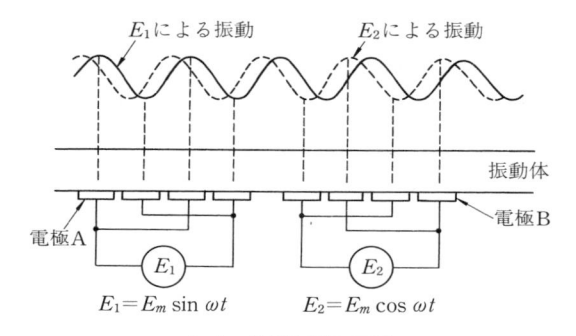

図5.39 超音波モータ
(a) 電極配置と振動
(b) 質点の楕円運動
(c) リング状振動体の変位

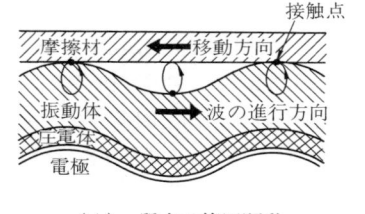

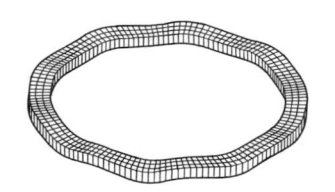

圧電体（圧電セラミック）に電圧を加えると，圧電体内部に力が生じて伸びたり縮んだりする。これを**逆ピエゾ効果**（antipiezo effect）という。図(a)に示すように，正負の電界が交互に印加できるように電極を配置し，電極AとBに位相差のある電圧 $E_1 = E_m \sin \omega t$ および $E_2 = E_m \cos \omega t$ を加えると，圧電体の電極Aの部分では E_1 に比例した振動，電極Bの部分では E_2 に比例した振動が起きる。これらの振動の結果として，圧電体に接する弾性振動体（鉄などの金属）の各質点は図(b)に示す楕円運動をする。この運動は海岸に押し寄せる波と同じ動きであり，進行波と呼ばれ時間とともに図の右方向へ移動する。実際には振動体の振幅を大きくするため表面に切り欠きを設けている。振動材の上部には摩擦材（金属またはプラスチック）が強い圧力で押さえ

コーヒーブレイク

磁気浮上

電動機を初めとした電気機器の性能を高めるために，今後の改良すべき問題として，振動，騒音，摩擦，摩耗などの減少がある。これらを解決することによって，寿命の延長や性能の向上が可能になってくる。具体的な解決策の一つに「磁気浮上」がある。

物体を磁気的に浮上させる方法は，永久磁石，常電導磁石および超電導磁石を利用することが考えられる。さらに，磁性体や各種の金属を組み合わせた浮上方式があるが，簡単なものとして永久磁石の反発力を利用する方法が考えられる。また，その他にも常電導磁石と金属導体との間に働く反発力や吸引力を利用する方式もある。

具体的な摘要例としては，リニアモータによる磁気浮上列車や鋼板搬送などが考えられるが，新しい研究として磁気軸受がある。電動機の軸受のベアリングを取り去り，磁気的に浮上・回転することによって，機械的な接触がないことから摩擦，振動などの問題が解決されて超高速回転が可能になる大きな利点がある。誘導電流による反発力により回転体を支持する磁気軸受の例を図 **5.40** に示す。交流電磁石によって生じた磁束が回転軸表面のアルミニウムスリーブを通過して**渦電流**（eddy current）を誘導し，この渦電流と交流電磁石の磁界との反発力により回転軸を浮上させるものである。この装置では制御用のフィードバック回路は不要であるが，一般的に磁気浮上は不安定なものであり，システムの実現には安定させるためのなんらかの工夫が必要になる。補助的に空気や液体を使う場合を除き，電気的な制御が最適であると考えられる。

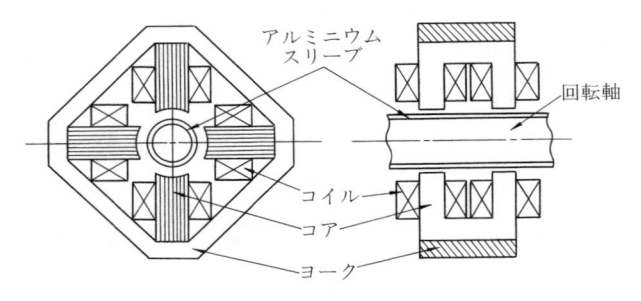

図 **5.40** 磁気軸受の一例（渦電流・誘導形）

られている。摩擦材は波動の頭と接触しているため，楕円運動によって図の左方向への推力を受ける。回転運動を得るためにはリング状の振動体，直線運動では直線上の振動体を使用するが，図(c)にリング状の場合の変位した状態を示す。

楕円運動による摩擦材の移動量は1ミクロン程度のわずかの大きさであるが，20 kHz の周波数，すなわち1秒間に2万回以上の振動をする超音波電源を加えると，2 cm/s の速度で移動することになる。

構造が簡単で小形・軽量化が可能であり，低速・高トルクで保持トルクが大きく，応答性に優れ，さらに，形状の自由度が大きく，回転・直線運動にとらわれない動作ができるなどの特徴がある。多くの分野でモータあるいはアクチュエータとしての応用が期待できる。

演 習 問 題

【1】 ある発電所の発電機がつぎのように示されているという。
　　　<u>横軸</u>　<u>円筒</u>　<u>回転界磁</u>　三相交流同期発電機
　　　　↑　　↑　　↑
　　　　①　　②　　③
　　①②③はいずれも発電機の形式を示しているが，それぞれにどのような種類があるか。

【2】 8極の同期発電機から周波数 60 Hz の電圧を得るには，1分間に何回転させればよいか。

【3】 同期発電機の電機子反作用について述べよ。
　　（a） 直流発電機の電機子反作用との大きな違いはなにか。
　　（b） 負荷力率によって反作用はどのように変わるか。起磁力のベクトル図によって説明せよ。

【4】 同期機の等価回路はどのように表されるか。回路定数についても説明せよ。

【5】 容量 5 000 KVA，定格電圧 6 000 V の三相同期発電機の無負荷試験において定格電圧を得るのに 120 A の界磁電流が流れた。また，短絡試験において定

格電流に等しい短絡電流が流れたとき，界磁電流は 96 A であった。このとき
- (a) 定格電流はいくらか。
- (b) 短絡比を求めよ。また，定格電圧を発生しているときに短絡したときの電流はどれだけになるか求めよ。
- (c) 同期インピーダンスを求めよ。さらに，単位法で表すとどうなるか。

【6】( ) 内に適当な語句を記入せよ。
同期発電機を無負荷の線路に接続したとき，線路の有する ( ) および ( ) に電流が流れ，その結果，発電機の電機子反作用が ( ) を行い，発電機の端子電圧が異常に上昇することがある。これを ( ) 現象という。

【7】2機の同期発電機を並行運転するときの条件はなにか。また，並行運転中に循環電流が流れるときの原因を二つあげよ。

【8】同期発電機の並行運転時に使用される同期検定灯の役割を説明せよ。

【9】母線電圧 V で A，B 2 機の同期発電機が並行運転をしている。両機がそれぞれ負荷 P を分担し，負荷電流 I_1，I_2 が流れている。両機が同じ力率で運転するにはどのような操作をすればよいか。

【10】同期電動機は電源電圧を加えるだけでは回転しないというが，その理由を簡単に述べよ。また，回転させるために考えられている方法はどのようなものがあるか。

【11】誘導電動機をリニア誘導モータにするためには構造的にどのようにすればよいか。

【12】パルスモータの動作原理を簡単に説明せよ。

【13】ユニバーサルモータは本来直流電動機であるという。なぜ交流電源で駆動できるのか。またそのために改良された点はなにか。

【14】サーボモータのおもな特徴はなにか。また，普通の電動機と異なる点はなにか。

【15】従来の回転機とまったく異なる原理によって回転する電動機が考えられたが，どのようなものか。また，その原理とはどのようなものか。

参 考 文 献

1) 山田 一，宮沢永次郎，別所一夫：基礎磁気工学，学献社（1975）
2) 尾本義一，米山信一，山下英男，執行岩根：電気学会大学講座 電気機器Ⅰ，電気学会（1974）
3) 尾見定之：電気機器Ⅰ，Ⅱ，電気学会（1985）
4) 野中作太郎：応用電気工学全書 電気機器（Ⅰ），（Ⅱ），森北出版（1975）
5) 松井信行：基礎からの電気・電子工学 電気機器，森北出版（1989）
6) 猪狩武尚ほか：電気機器，コロナ社（1999）
7) 堀井武夫：電気機器概論，電子通信学会大学講座，コロナ社（1982）
8) 電気学会編：電気機器工学Ⅰ・Ⅱ，電気学会，大学講座（1985）
9) 電気学会編：電気機械工学，電気学会（1987）
10) 電気学会編：電気工学ハンドブック，電気学会（1988）
11) 藤田 宏：電気機器，森北出版（1991）
12) 柴田岩夫，三澤 茂：エネルギー変換工学，森北出版（1990）
13) 佐藤則明：電気機器工学，電気・電子・情報・通信 基礎コース，丸善（1996）
14) メカトロニクス研究会編：最先端のアクチュエータ，技術調査会（1986）
15) 山田 一：リニアモータ応用ハンドブック，工業調査会（1986）
16) JR東海：リニア・テクノロジー・プレス（1998）

演習問題解答

1章

【1】 鉄心部分の磁気抵抗は $R_i = L_i/\mu S = 0.4/0.02 \times 1 \times 10^{-3}$
$$= 2 \times 10^4$$
ギャップ部分の磁気抵抗は $R_g = L_g/\mu_0 S$
$$= 1 \times 10^{-4}/4\pi \times 10^{-7} \times 1 \times 10^{-3}$$
$$= 7.96 \times 10^4$$
磁束は $\Phi = wI/(R_i + R_g) = 100 \times 1.5/9.96 \times 10^4 = 1.51 \times 10^{-3}$
磁束密度は $B = \Phi/S = 1.51 \times 10^{-3}/1 \times 10^{-3} = 1.51\,\mathrm{T}$

【2】 鉄心中央脚部分の磁気回路の長さは $L_a = c + a = 0.1\,\mathrm{m}$ であり，磁気抵抗は
$$R_a = L_a/\mu S_a = 0.1/0.02 \times 2 \times 10^{-3} = 2.5 \times 10^3$$
鉄心両側の磁気回路の平均長さは $L_b = 2(b + 3a/2) + c + a = 0.22\,\mathrm{m}$ であり磁気抵抗は
$$R_b = L_b/\mu S_b = 0.22/0.02 \times 1 \times 10^{-3} = 1.1 \times 10^4$$
全磁気抵抗は $R = R_a + R_b/2 = 8 \times 10^3$
磁束は $\Phi = wI/R = 100 \times 0.24/8 \times 10^3 = 3 \times 10^{-3}$
磁束密度は $B = \Phi/S = 3 \times 10^{-3}/2 \times 10^{-3} = 1.50\,\mathrm{T}$

【3】 (1) 抵抗 R の電流を I とすると $P = RI^2$ より $75 = 3I^2$, $I = 5\,\mathrm{A}$
$F = IBL = 5 \times 0.4 \times 2 = 4\,\mathrm{N}$
$e = (r + R)I = vBL$ より
$v = (r + R)I/BL = 3.2 \times 5/(0.4 \times 2) = 20\,\mathrm{m/s}$

(2) $F = IBL$ より $I = F/BL = 4/0.4 \times 2 = 5\,\mathrm{A}$
導体の誘導起電力は $e = E - rI = vBL$ より
$v = (E - Ir)I/BL = (9 - 5 \times 2)/(0.4 \times 2) = 10\,\mathrm{m/s}$

【4】 20°Cにおける抵抗は $R_{20} = 50/(2 \times 58) = 0.431\,\Omega$
70°Cにおける抵抗は式(1.17)より
$$R_{70} = R_{20}\{1 + \alpha(70 - 20)\} = 0.431\{1 + 0.00393 \times 50\} = 0.516\,\Omega$$

【5】 最大磁束密度 $B_m = 1.8\,\mathrm{T}$，周波数 $f = 50\,\mathrm{Hz}$ で使用した場合の単位重量当り

の鉄損は $1.5(1.8/1.7)^2$ W/kg
鉄心有効断面積 $S = a \times d \times f_i = 2 \times 5 \times 0.97 = 9.7$ cm²
鉄心の平均磁気回路の長さは $L_i = 2(2a + b + c) = 30$ cm
鉄心の重量は $G = 7.65 \times S \times L_i \times 10^{-3} = 2.23$ kg
全鉄損は $P_i = 1.5(1.8/1.7)^2 7.65 \times S \times L_i = 3.74$ W

2章

【1】 式(2.4)より $E_a = Zp\Phi n/a$, 重ね巻では並列回路数 $a = p = 4$, $n = N/60$ rps であることより, $E_a = 80 \times 4 \times 0.045 \times 30/4 = 108$ V

【2】 図 2.7 では $a = p = 2$, コイル数は 4 であるから全導体数は $Z = 2 \times 4 \times 20 = 160$, $E_a = Zp\Phi n/a$, $n = N/60$ rps であることより
$E_a = 160 \times 2 \times 0.04 \times 30/2 = 192$ V

【3】 (1) $E_{an} = V_{an} - R_a I_a = 100 - 1.0 \times 10 = 90$ V
鉄損, 機械損が無視できるとき $P_{on} = E_{an} I_{an} = 900$ W
$T_n = P_{on}/\omega_n$, $\omega_n = 2\pi N_n/60$ rad/s より
$T_n = 900/2\pi \cdot 30 = 15/\pi$ 〔N-m〕

(2) 鉄損, 機械損が無視できるとき無負荷($T = 0$)では $I_a = 0$, $E_a = V_{an} = 100$ V より
$N_0 = N_n \cdot E_a/E_{an} = 1\,800 \cdot 100/90 = 2\,000$ rpm

【4】 電動機運転時には $E_{an} = V_{an} - R_a I_a = 100 - 1.0 \times 10 = 90$ V
発電機運転時には $E_a = V_a + R_a I_a$, $V_a = 100$ V, $I_a = P_o/V_a = 10$ A であることより $E_a = 100 + 1.0 \times 10 = 110$ V,
$N = N_n \cdot E_a/E_{an} = 1\,800 \times 110/90 = 2\,200$ rpm
$T = E_a I_a \cdot 60/2\pi N = 110 \times 10 \times 60/2\pi \cdot 2\,200 = 15/\pi$ 〔N-m〕

【5】 (1) $E_{an} = V_{an} - R_a I_a = 100 - 0.5 \times 20 = 90$ V
$E_a = E_{an} \cdot N/N_n = 90 \cdot 1\,200/1\,800 = 60$ V
$T = T_n$ より $I_a = I_{an} = 20$ A であるから
$V_a = E_a + R_a I_a = 60 + 0.5 \times 20 = 70$ V

(2) N は一定であることより $E_a = E_{an}$,
$T = T_n/2$ より $I_a = I_{an}/2 = 10$ A であるから
$V_a = E_{an} + R_a I_a = 90 + 0.5 \times 10 = 95$ V

【6】 (1) 定格負荷では $E_{an} = V_{an} - R_a I_a = 100 - 1.0 \times 10 = 90$ V
無負荷 ($T = 0$) では $I_a = 0$, $E_a = V_{an} = 100$ V
$N = N_n \times E_a/E_{an} = 1\,800 \times 100/90 = 2\,000$ rpm

(2) 磁気回路の飽和の影響が無視できるとき $\Phi \propto I_f$, $\Phi = 2\Phi_n$ より

【 7 】 $T = K\Phi I_a$, $\Phi \propto I_f = I_a$ より $T = kI_a^2$, $T = T_n/4$ では $I_a = I_{an}/2 = 10$ A
$N = N_n \times E_a \cdot \Phi_n / E_{an} \cdot \Phi_n = 1\,800 \times 100/90 \times 2 = 1\,000$ rpm
$N = V_a - I_a(R_a + R_f)/(K\Phi 2\pi/60)$, $\Phi/\Phi_n = 1/2$ より
$N = 1\,800 \times 2\{100 - 10(0.1 + 0.4)\}/\{100 - 20(0.1 + 0.4)\}$
$= 3\,800$ rpm

【 8 】 $I_a = (V_a - E_a)/R_a$, 始動時 ($\omega = 0$) は $E_a = 0$ より
$I_{as} = V_a/R_a = 100/1.0 = 100$ A
$I_{as} \leq I_{an}$ とするためには $R_a + R_s \geq V_a/I_{an} = 10\,\Omega$
$R_s \geq V_a/I_{an} - R_s = 10 - 1 = 9\,\Omega$

【 9 】 $I_f = V_{an}/R_f = 100/200 = 0.5$ A, $I_{an} = I_n - I_f = 10$ A
$P_{cf} = I_f^2 R_f = 0.5^2 \times 200 = 50$ W
$P_{ca} = I_{an}^2 R_a = 10^2 \times 1 = 100$ W
$P_{on} = V_n \times I_n - P_{cf} - P_{ca} - P_i - P_m = 850$ W
$\eta = P_{on}/V_n \times I_n = 850/1\,050 = 0.809$

【10】 定格出力時の電機子電流を I_a, 誘導起電力を E_a とすると
$I_a = P_{out}/V_{an} = 10\,000/100 = 100$ A
$E_a = V_{an} + R_a I_a = 100 + 0.1 \times 100 = 110$ V
$E_a = 110$ V となるのは $I_f = 1.2$ A

【11】 a 界磁, b 電機子, c 整流子, d 鉄損, e けい素鋼板, f 重ね巻,
g 波巻, h 極数, i 低, j 大, k 電機子巻線, l 電機子反作用,
m 電気的中性軸, n 主磁束, o 整流子片間, p 補極, q 補償巻線,
r 永久磁石, s 他励, t 自励, u 分巻, v 直巻, w 複巻

3章

【 1 】（1）式(3.7)より $\Phi_m = \sqrt{2}\,V/\omega w_1 = \sqrt{2} \cdot 100/100\pi \cdot 300 = 1.50 \times 10^{-3}$ Wb, $B_m = \Phi_m/S = 1.50$ T
（2）式(3.13)より $L_1 = \mu S w_1^2/L = 0.02 \times 10 \times 10^{-4} \times 300^2/0.5 = 3.60$ H, $I_0 = V/\omega L_1 = 0.088\,4$ A

【 2 】 二次電圧 $V_2 = V_1/a = 1\,000/a$ [V]
二次電流 $I_2 = V_2/R = 1\,000/5a = 200/a$ [A]
一次電流 $I_1 = I_2/a = 200/a^2 = 2$ A, $a^2 = 100$, $a = 10$

【 3 】（1）$\dot{I}_2 = \dot{V}_2/R_L = (100 + j0)/10 = 10 + j0$ [A],
$\dot{E}_2 = \dot{V}_2 + \dot{I}_2(r_2 + jx_2) = 100 + 10(0.2 + j0.5) = 102 + j5$ [V],
$\dot{I}_1' = -\dot{I}_2/a = -10/2 = -5 + j0$ [A]
$\dot{E}_1 = a\dot{E}_2 = 204 + j10$ [V]

$\dot{I}_0 = -\dot{E}_1 \dot{Y} = -(204 + j10)(0.5 - j2) \times 10^{-3}$
$\quad = -0.122 + j0.403 \, [\text{A}]$
$\dot{I}_1 = \dot{I}_1' + \dot{I}_0 = -5.12 + j0.403 \, [\text{A}]$
$\dot{V}_1 = -\dot{E}_1 + \dot{I}_1(r_1 + jx_1)$
$\quad = -(204 + j10) + (-5.12 + j0.403)(1 + j2)$
$\quad = -210 - j19.8 \, [\text{V}]$

(2) $P_i = E_1^2 g = 204^2 \times 0.5 \times 10^{-3} = 20.9 \, \text{W}$
$P_c = I_1^2 r_1 + I_2^2 r_2 = 26.4 + 20 = 46.4 \, \text{W}$
効率 $\eta = 100 \times V_2 I_2 / (V_2 I_2 + P_i + P_c)$
$\quad = 100 \times 1\,000 / 1\,067 = 93.7\,\%$
電圧変動率 $\varepsilon = 100 \times (V_{10} - V_{1n}) / V_{1n}$, $V_{10} = \sqrt{210^2 + 19.8^2} = 210.93$
$\quad \varepsilon = 100 \times (210.93 - 200)/200 = 5.47\,\%$

【4】 $r = r_1 + a^2 r_2 = 1 + 2^2 \times 0.2 = 1.8 \, \Omega$
$x = x_1 + a^2 x_2 = 2 + 2^2 \times 0.5 = 4.0 \, \Omega$
$\dot{I}_1' = -\dot{I}_2/a = -10/2 = -5 + j0 \, [\text{A}]$
$\dot{V}_2' = -a\dot{V}_2 = -200 + j0 \, [\text{V}]$
$\dot{V}_1 = \dot{I}_1'(r + jx) + \dot{V}_2' = (-5 + j0)(1.8 + j4.0) - 200 + j0$
$\quad = -209 - j20 \, [\text{V}]$
$\dot{I}_0 = \dot{V}_1 \dot{Y} = -(209 + j20)(0.5 - j2) \times 10^{-3}$
$\quad = -0.145 + j0.408 \, [\text{A}]$
$\dot{I}_1 = \dot{I}_1' + \dot{I}_0 = -5.14 + j0.408 \, [\text{A}]$

【5】 (1) $g_0 = \dfrac{P_0}{V_1^2} = \dfrac{200}{2\,000^2} = 0.5 \times 10^{-4} \, [\text{S}]$

$b_0 = \sqrt{\left(\dfrac{I_0}{V_1}\right)^2 - \left(\dfrac{P_0}{V_1^2}\right)^2} \, [\text{S}]$
$\quad = \sqrt{\left(\dfrac{0.26}{2\,000}\right)^2 - \left(\dfrac{200}{2\,000^2}\right)^2} = 1.2 \times 10^{-4} \, [\text{S}]$

$r = r_1 + a^2 r_2 = \dfrac{P_s}{I_{1s}^2} = \dfrac{300}{5^2} = 12 \, \Omega$

$x = x_1 + a^2 x_2 = \sqrt{\left(\dfrac{V_{1s}}{I_{1s}}\right)^2 - \left(\dfrac{P_s}{I_{1s}^2}\right)^2} \, [\Omega]$
$\quad = \sqrt{\left(\dfrac{100}{5}\right)^2 - \left(\dfrac{300}{5^2}\right)^2} = 16 \, \Omega$

(2) $I_{1n} = P_n / V_{1n} = 10\,000 / 2\,000 = 5 \, \text{A}$
$p = 100 \times r I_{1n} / V_{1n} = 100 \times 12 \times 5 / 2\,000 = 3\,\%$
$q = 100 \times x I_{1n} / V_{1n} = 100 \times 16 \times 5 / 2\,000 = 4\,\%$

【6】(1) $\cos\theta = 0.8$, $\sin\theta = 0.6$
$\varepsilon = p\cos\theta + q\sin\theta = 3\times 0.8 + 4\times 0.6 = 4.8\%$
$V_1 = V_{1n}(1 + \varepsilon/100) = 1\,048$ V

(2) $\cos\theta = 0.6$, $\sin\theta = 0.8$
$\varepsilon = p\cos\theta - q\sin\theta = 3\times 0.6 - 4\times 0.8 = -1.4\%$
$V_1 = V_{1n}(1 + \varepsilon/100) = 986$ V

(3) $\varepsilon = \sqrt{p^2 + q^2}\sin(\theta + \phi)$, $\phi = \tan^{-1}p/q$
最大値は $\sqrt{3^2 + 4^2} = 5\%$
$\theta + \phi = 90°$ より $\theta = 90° - 36.9° = 53.1°$, $\cos\theta = 0.6$

【7】(1) 式 (3.7) より $V_1 = 2\pi f w_1 \Phi_m/\sqrt{2}$
$B_m = B_{mn}V_1/V_{1n} = 1.5\times 110/100 = 1.65$ T
$P_e = P_{en}(B_m/B_{mn})^2 = 20(1.65/1.5)^2 = 24.2$ W
$P_{hn} = P_i - P_{en} = 80$ W
$P_h = P_{hn}(B_m/B_{mn})^2 = 80(1.65/1.5)^2 = 96.82$ W

(2) $B_m = B_{mn}V_1f_n/V_{1n}f = 1.5\times 120\times 50/100\times 60 = 1.5$ T
$P_e = P_{en}(B_m/B_{mn})^2(f/f_n)^2 = 20(60/50)^2 = 28.8$ W
$P_h = P_{hn}(B_m/B_{mn})^2(f/f_n) = 80(60/50) = 96$ W

【8】(1) $I_{1n} = P_n/V_{1n} = 10\,000/1\,000 = 10$ A
$I_{2n} = P_n/V_{2n} = 10\,000/100 = 100$ A

(2) $P_c = P_{cn}(I_2/I_{2n})^2 = 320(3/4)^2 = 180$ W
$P_{out} = V_{2n}I_2\cos\theta = 100\times 100\times (3/4)\times 0.8 = 6\,000$ W
$\eta = P_{out}/(P_{out} + P_c + P_{in})$
$= 6\,000/(6\,000 + 180 + 80) = 0.958$

(3) $P_i = P_{cn}(I_2/I_{2n})^2 = 320(I_2/I_{2n})^2 = 80$ W
$I_2/I_{2n} = 1/2$, $I_2 = 50$ A
$P_{out} = V_{2n}I_2\cos\theta = 100\times 50\times 1 = 5\,000$ W
$\eta = 5\,000/(5\,000 + 80 + 80) = 0.969$

(4) 出力の積算値 $W_o = P_n(1 + 1/2 + 1/4)\times 8 = 140$ kWh
銅損の積算値 $W_c = P_{cn}(1 + 1/2^2 + 1/4^2)\times 8 = 3.36$ kWh
$\eta_d = W_o/(W_o + 24P_i + W_c)$
$= 140/(140 + 1.92 + 3.36) = 0.964$

【9】$\eta_n = P_n/(P_n + P_{cn} + P_i) = 1\,000/(1\,000 + P_{cn} + P_i) = 0.960$ であることより

$P_{cn} + P_i = 41.67$ W

$(P_n/4)/(P_n/4 + P_{cn}/4^2 + P_i) = 250/(250 + P_{cn}/4^2 + P_i) = 0.960$ であることより

$$P_{cn}/4^2 + P_i = 10.42 \text{ W}$$
$$15P_{cn}/16 = 41.67 - 10.42 = 31.25 \text{ W}, \quad P_{cn} = 33.34 \text{ W}$$
$$P_i = 41.67 - 33.34 = 8.33 \text{ W}$$

【10】 a 内鉄, b 外鉄, c 回転部分, d 機械損, e 鉄損, f 銅損, g ヒステリシス損, h 渦電流損, i 無負荷損, j 負荷損, k 乾式変圧器, l 油入変圧器, m 電圧, n 周波数, o 巻数, p $1/\sqrt{3}a$, q $\sqrt{3}a$, r $\pi/6$, s 三相変圧器, t 鉄心材料, u ブッシング

4章

【1】 回転トルクは，回転磁界と回転子電流の相互作用によって発生する．回転子電流は誘導起電力が生じることで流れるが，誘導起電力は回転磁界と回転子速度の差によって生じる．すなわち，回転子は回転磁界の速度（同期速度）より小さいことが必要であり，すべりはこの速度の差を同期速度で割ったものであるから，回転トルクを得るにはすべりが必要である．

【2】 同期速度 $N_0 = 120f/p$ において，$p = 6$, $f = 60$ であるから，$N_s = 1\,200$ rpm となる．したがって，すべり $s = (N_s - N)/N_s = 0.05\,(5\,\%)$ となる．

【3】 同期速度は $N_s = 120 \times f/p = 120 \times 50/4 = 1\,500$ rpm

∴ すべり $s = (N_s - N)/N_s = 0.04$

また，始動時の二次誘導起電力は $E_{20} = E_1/a = 200/8 = 25$ V

∴ 運転時の二次誘導起電力は $E_{2s} = sE_{20} = 0.04 \times 25 = 1$ V となる．

さらに，始動時の二次周波数は $s = 1$ であるから，$f_{2s} = sf_1 = 50$ Hz

∴ 運転時の二次周波数は $f_{2s} = sf_1 = 0.04 \times 50 = 2$ Hz となる．

【4】 毎極毎相当りのスロット数 q は $q = 54/(3 \times 6) = 3$ である．

分布巻係数は

$$k_{dv} = \frac{\sin\left(\dfrac{v\pi}{2m}\right)}{q \sin\left(\dfrac{v\pi}{2mq}\right)}$$

で与えられるので，$m = 3$ より

$$k_1 = 0.96, \quad k_3 = 0.67, \quad k_5 = 0.22 \text{ となる．}$$

【5】 抵抗測定より

$$r_1 = \frac{R}{2} \times \frac{234.5 + T}{234.5 + t} = \frac{0.071}{2} \times \frac{234.5 + 75}{234.5 + 16} = 0.044 \text{ } \Omega$$

無負荷試験より

$$g_0 = \frac{W_0}{m_1 V_n^2} = \frac{1\,420}{3 \times (220/\sqrt{3})^2} = 0.029 \text{ S}$$

$$b_C = \sqrt{\left(\left(\frac{I_0}{V_1}\right)^2 - g_0^2\right)} = \sqrt{\left(\left(\frac{25}{220/\sqrt{3}}\right)^2 - 0.029^2\right)} = \sqrt{0.037\,9}$$
$$= 0.195 \text{ S}$$

拘束試験より

$$r_1 + r_2' = \frac{W_s}{m_1 I_n^2} = \frac{2\,085}{3 \times 90^2} = 0.086 \text{ Ω}$$

$$\therefore \quad r_2' = 0.086 - r_1 = 0.042 \text{ Ω}$$

$$x_1 + x_2' = \sqrt{\left(\left(\frac{V_s}{I_n}\right)^2 - (r_1 + r_2')^2\right)} = \sqrt{\left(\frac{49.5/\sqrt{3}}{90}\right)^2 - 0.086^2}$$
$$= 0.306 \text{ Ω}$$

【6】同期速度は $N_s = 120 \times f/p = 120 \times 60/4 = 1\,800$ rpm
$s = 0.05$ での速度は $N = (1-s)N_s = (1-0.05) \times 1\,800 = 1\,710$ rpm
機械出力 P は, $P = T \times \omega = T \times 9.8 \times 2\pi N/60 \times 10^{-3}$
$\qquad\qquad = TN \times 10^{-3}/0.975 = 25 \times 1\,710 \times 10^{-3}/0.975$
$\qquad\qquad = 43.85$ kW

したがって，二次銅損は $P_{c2} = sP = 0.05 \times 43.85 = 2.19$ kW である．
$\therefore$ 二次入力 P_2 は $P_2 = P + P_{c2} = 43.85 + 2.19 = 46.16$ kW
あるいは，$P = (1-s)P_2$ の関係から
$P_2 = P/1(1-s) = 43.85/(1-0.05) = 46.16$ kW となる．

【7】巻線形誘導電動機ではゲルゲス現象，かご形誘導電動機では次同期運転と呼ばれる異常現象がある．いずれも低い速度のままで運転され，所定の速度まで上昇しないため，大きい電流が流れる．

　ゲルゲス現象は，スリップリングとブラシの接触不良，始動抵抗の断線等による二次単相運転によって発生する．次同期運転は，固定子と回転子のスロット数の組合せが不適当な場合などに発生する．詳細は 4.4.1 節〔4〕の始動時の異常現象を参照せよ．

【8】同期速度は $N_s = (120 \times 60)/4 = 1\,800$ である．また，全負荷時のすべりは $s = (1\,800 - 1\,728)/1\,800 = 0.04$ であり，始動時のすべりは $s' = 1$ である．したがって，比例推移により

$$\frac{r}{s} = \frac{R+r}{s'} \text{ の関係があるから, } R = \left(\frac{s'}{s} - 1\right) \times r = 24\,r$$

となる．

【9】誘導電動機のトルクおよび速度は

$$T = \frac{P}{\omega_2} = \frac{m_1(r_2'/s)V_1^2}{\omega_1\{(r_1 + r_2'/s)^2 + (x_1 + x_2')^2\}} \, [\mathrm{N \cdot m}]$$

$$N = (1-s)N_s = (1-s)120f_1/P \, [\mathrm{rpm}]$$

で示される。したがって，電圧 V_1，二次抵抗 r_2'，すべり s，周波数 f_1，極数 p のいずれかを変えることで速度を制御できる。4.4.2節の速度制御法を参照せよ。

【10】かご形誘導電動機の始動において，巻線形誘導電動機の比例推移による方法と同じように行うために考案された電動機が特殊かご形である。詳細は4.4.1節の特殊かご形誘導電動機を参照せよ。

【11】誘導電動機の回転子は，固定子で発生する回転磁界の方向に回る。したがって，回転子を逆回転させるには回転磁界の方向を変えればよい。例えば，a → b → c 相のうち二線 b, c を入れ替えると a → c → b となり逆回転する。

【12】単相誘導電動機の固定子巻線によって発生する磁束 Φ は交番磁束であり，回転子導体にはつねに Φ をうち消す方向に磁束が発生する。あるいは，交番磁束 Φ は正方向と逆方向に回転する回転磁界の合成されたものと考えられるため，合成トルクはつねに 0 である。

【13】回転するために必要な回転磁界を得るため，本来の固定子巻線に加えて補助巻線を設け，たがいに位相差を有する電流を流して，二相回転磁界を発生させている。位相差を得る方法としてはコンデンサを利用するのが一般的であるが，突極構造としてくま取り効果を利用するものもある。

5章

【1】① 横軸形，縦軸形
② 円筒形（非突極形），突極形
③ 回転界磁形，回転電機子形

【2】$N_s = \dfrac{120f}{p} = \dfrac{120 \times 60}{8} = 900 \, \mathrm{rpm}$

【3】同期機は交流機であるため，負荷力率によって電流の位相が変化する。したがって，電流によって発生する反作用磁束が界磁磁束に及ぼす影響も位相によって異なる。すなわち，電流が電圧に対して，同相電流である場合は交差磁化作用，遅れ電流である場合は減磁作用，進み電流である場合は磁化作用を行う。直流機の場合は交差磁化作用のみであると考えられる。

【4】同期機の等価回路は**解図 1.1** のように表される。詳細は5.3.3節を参照せよ。

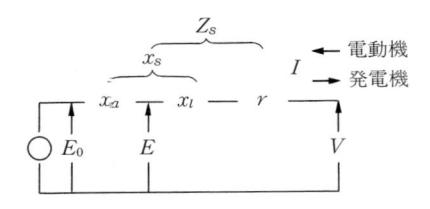

解図 1.1　同期機の等価回路

【5】（a）定格電流 I_n は
$$I_n = \frac{P}{V_n} = \frac{5\,000 \times 10^3}{\sqrt{3} \times 6\,000} = 480 \text{ A}$$

（b）短絡比 K_s は
$$K_s = \frac{i_{f_1}}{i_{f_2}} = \frac{120}{96} = 1.25$$

したがって，定格電圧発生時の短絡電流 I_0 は
$$I_0 = 480 \times 1.25 = 600 \text{ A}$$

（c）同期インピーダンス Z_s は
$$Z_s = \frac{V_n/\sqrt{3}}{I_0} = \frac{6\,000/\sqrt{3}}{600} = 5.78 \text{ Ω}$$

また，単位法で表した同期インピーダンスは
$$Z_s\text{[pu]} = \frac{Z_s \times I_n}{V_n/\sqrt{3}} \times 100 = \frac{5.78 \times 480}{6\,000/\sqrt{3}} \times 100 = 80\%$$

または
$$Z_s\text{[pu]} = \frac{1}{K_s} \times 100 = \frac{1}{1.25} \times 100 = 80\%$$

【6】線間容量，対地容量，磁化，自己励磁

【7】並行運転を行うためにはつぎの三つの条件を満足する必要がある。
1．2機の出力電圧の大きさが等しい。
2．2機の出力電圧の位相が一致している。
3．2機の出力電圧の周波数が等しい。
なお，電圧波形が等しいという条件も必要であるが，これは発電機の構造によって決まるため，並行運転を行う際には特に考慮する必要はない。
なお，条件1あるいは2が満足されないときに循環電流が流れる。

【8】並行運転をする2機の出力電圧の位相が一致しているという並行運転の一条件を満足している必要がある。これを判定するために使用される装置が同期検定灯である。

【9】A機の力率は $\cos\phi_1 = (P/\sqrt{3})VI_1$，B機の力率は $\cos\phi_2 = (P/\sqrt{3})VI_2$ である。したがって，両機の力率を等しくするには，電流を等しくすれば良い。すなわ

ち，もし，$I_1 > I_2$ であれば $\cos\phi_1 < \cos\phi_2$ であるから，A 機の界磁を弱め，B 機の界磁を強める。

【10】回転磁界は同期速度で回るため，始動時は回転子にトルクが発生しても回転子の慣性のためにすぐには追従できない。そのため，つぎの方法がある。
 1．他の電動機であらかじめ同期速度で回転させておく（始動電動機を用いる方法）
 2．かご形誘導電動機の回転子導体と同じような始動用巻線（制動巻線）を設ける（自己始動法）

【11】簡単に記述すると以下のとおりである。詳細は図 5.35 を参照せよ。
 a．固定子および回転子を直線状に展開する。
 b．直線状に展開した 2 個の固定子によって回転子をはさむ。
 あるいは
 c．直線状に展開した固定子および回転子を直線方向に丸める。

【12】固定子および回転子は歯車状の突極構造となっている。固定子のある磁極に電源パルスを加えて励磁すると，回転子の磁極がその磁極に吸引されて停止する。パルスを順次連続的に加えることによって，回転子は吸引・停止を繰り返しながら回転する。

【13】直流直巻電動機に交流電圧を加えると，電圧の正負にかかわらずトルクは同じ方向に作用して回転を続ける。これを利用したのがユニバーサルモータ（交流整流子電動機）である。交流を加えることで鉄損が増加するが，これを軽減するための工夫など，構造的に改良がなされている。

【14】サーボモータは入力に対し素早く回転する，すなわち始動特性（立ち上がり特性）の良いことが特徴である。構造的に回転子の慣性を小さくする必要があり，回転子鉄心を除いたコアレスモータ，回転子直径を小さくしたミナーシャモータなどがある。

【15】超音波モータである。圧電体に電圧を加えると圧電体が延び縮みして振動することを利用し，電圧の加え方を考慮して圧電体に進行波を発生させ，圧電体に接触している摩擦材を移動させる。直線，回転など任意の運動が可能である。

索　　　引

【あ】

油入自冷式変圧器	91
油入風冷式変圧器	91
油入変圧器	91
アラゴの実験	108

【い】

位相器	154
一次負荷電流	69
一次変換	124
一次巻線	66

【う】

渦電流損	14

【え】

永久磁石式電動機	44
永久磁石式発電機	39
円形板コイル	89
エンジン発電機	160
円筒コイル	89

【か】

界磁	24
界磁制御法	55
回生制動	57, 143
外鉄形変圧器	86
回転界磁形	157
回転子	110
回転磁界	110
回転電機子形	158
外部特性曲線	40, 172
加極性	93
かご形誘導電動機	115

【き】

重ね巻	26
簡易等価回路	77, 126
乾式変圧器	91
巻線係数	119
巻線形誘導電動機	115

【き】

機械損	58
起磁力	7
規約効率	60
脚鉄	86
逆転制動	58, 143
ギャップ	8
極数切換	141
極ピッチ	25

【く】

くま取り電動機	149

【け】

計器用変圧器	103
計器用変成器	103
けい素鋼板	14
継鉄	24, 86
結合係数	78
ゲルゲス現象	137
減極性	93
減磁作用	163

【こ】

コアレスモータ	184
交差磁化作用	163
効率	59, 84
交流整流子電動機	181
固定子	110

コンサベータ	89
コンデンサ始動形単相誘導電動機	148

【さ】

最大出力	132
最大トルク	131
鎖巻	162
サーボモータ	182
三角結線	95
三相結線	93
三相変圧器	102
三相誘導電圧調整器	152
三相誘導電動機	108

【し】

磁界	4
磁界の強さ	4
磁化作用	163
磁化電流	72
磁化特性	13
磁気回路	8
磁気抵抗	8
磁気飽和現象	13
磁極	24
自己容量	101
自己励磁	42, 173
磁心	12
磁束密度	5
次同期運転	138
始動抵抗器	53
始動電流	53
始動補償器	135
自励電動機	45
自励発電機	39

深溝かご形	116	短絡比	169	同期速度	112
				同期発電機	174
【す】		【ち】		同期リアクタンス	164
水車発電機	158	超音波モータ	190	同期ワット	130
ステッピングモータ	185	調整電圧	150	透磁率	4
すべり	113	直軸反作用	164	銅損	59, 83
すべり周波数	123	直巻電動機	46	トルク	29
スリップリング	116	直巻発電機	39	トルク特性曲線	46
スロット	24	直列巻線	150		
		直列抵抗制御法	55	【な】	
【せ】				内鉄形変圧器	86
成層鉄心	24	【つ】		内部起電力	164
制動	57	積み鉄心	87	内部相差角	165
制動巻線	177			波巻	28
精密等価回路	126	【て】			
整流	34	定格	40, 80	【に】	
整流曲線	36	定格出力	40	二次抵抗制御	139
整流子	22	定格速度	40	二次巻線	66
整流時間	35	定格電圧	40, 80	二重かご形	116
占積率	88	定格電流	40, 80	二次励磁	142
全日効率	85	定格容量	80	二相回転磁界	146
全負荷飽和曲線	170	抵抗整流	37	2層巻	25
		定速度電動機	47	二電動機理論	144
【そ】		鉄機械	170		
送油自冷式変圧器	92	鉄心	12	【は】	
送油風冷式変圧器	92	鉄損	14, 59	はずみ車効果	160
速度制御	54	鉄損電流	72	パーセント（百分率）同期	
速度特性曲線	46	電圧制御法	55	インピーダンス	169
速度トルク特性曲線	46	電圧整流	37	発電制動	57
速度変動率	48	電圧変動率	41, 80, 172	パルスモータ	185
		電機子	23		
【た】		電機子反作用	31	【ひ】	
タービン発電機	159	電機子反作用リアクタンス		引き入れトルク	178
他励電動機	45		164	ヒステリシス現象	13
他励発電機	39	電気的中性軸	33	ヒステリシス損	13
単位法	166	電磁誘導の法則	6	百分率抵抗降下	81
短節巻係数	119			百分率リアクタンス降下	81
単相誘導電圧調整器	150	【と】		漂遊負荷損	83
単相誘導電動機	143	同期インピーダンス	164	比例推移	132
単巻変圧器	100	銅機械	170		
端絡環	115	同期化電流	176	【ふ】	
短絡曲線	169	同期化力	176	風損	58
短絡試験	79	同期機	156	負荷角	165

負荷損	58, 83	
負荷飽和曲線	170	
複巻電動機	46	
複巻発電機	39	
ブッシング	89	
ブラシ	22	
ブラシレスモータ	188	
フレミングの左手の法則	5	
フレミングの右手の法則	7	
分相始動形単相誘導電動機	148	
分布巻係数	118	
分巻電動機	45	
分巻発電機	39	
分路巻線	150	

【へ】

並行運転	100, 174
変圧器等価回路	74
変速度電動機	49
変流器	103

【ほ】

飽和率	169
補 極	37
星形結線	94
補償巻線	34

【ま】

巻数比	66
摩擦損	58

【み】

右ねじ系	6

【む】

無負荷試験	79
無負荷損	58, 83
無負荷電流	72
無負荷特性曲線	40
無負荷飽和曲線	168

【も】

漏れ磁束	70

漏れリアクタンス	71, 164

【ゆ】

誘導機	108
誘導電動機	110

【よ】

横軸反作用	164

【ら】

乱 調	177

【り】

理想変圧器	72
リニアモータ	189

【れ】

冷却方式	91
励磁アドミタンス	72
励磁電流	72
零力率負荷飽和曲線	170
レンツの法則	5

【V】

V曲線	180
V結線	97

【Y】

Y-Δ始動	134

―― 著者略歴 ――

前田 勉（まえだ つとむ）
1970年 富山大学工学部電気工学科卒業
1972年 富山大学大学院工学研究科修了
　　　　（電気工学専攻）
1972年 石川工業高等専門学校助手
1979年 石川工業高等専門学校助教授
1988年 石川工業高等専門学校教授
1995年 博士（工学）（金沢大学）
2007年 石川工業高等専門学校名誉教授

新谷 邦弘（しんや くにひろ）
1970年 福井大学工学部電気工学科卒業
1970年 福井工業高等専門学校助手
1979年 福井工業高等専門学校講師
1982年 福井工業高等専門学校助教授
1988年 工学博士（九州大学）
1991年 福井工業高等専門学校教授
2010年 福井工業高等専門学校名誉教授

電気機器工学
Electric Machinery

© Tsutomu Maeda, Kunihiro Shinya 2001

2001年 2月16日 初版第 1刷発行
2023年 8月10日 初版第22刷発行

検印省略	著　　者	前　田　　　勉
		新　谷　邦　弘
	発行者	株式会社　コロナ社
		代表者　牛来真也
	印刷所	壮光舎印刷株式会社
	製本所	株式会社　グリーン

112-0011 東京都文京区千石4-46-10
発行所　株式会社　コロナ社
CORONA PUBLISHING CO., LTD.
Tokyo Japan
振替00140-8-14844・電話(03)3941-3131(代)
ホームページ https://www.coronasha.co.jp

ISBN 978-4-339-01199-9　C3355　Printed in Japan　　　（宮尾）

〈出版者著作権管理機構 委託出版物〉
本書の無断複製は著作権法上での例外を除き禁じられています。複製される場合は，そのつど事前に，出版者著作権管理機構（電話 03-5244-5088，FAX 03-5244-5089，e-mail: info@jcopy.or.jp）の許諾を得てください。

本書のコピー，スキャン，デジタル化等の無断複製・転載は著作権法上での例外を除き禁じられています。購入者以外の第三者による本書の電子データ化及び電子書籍化は，いかなる場合も認めていません。
落丁・乱丁はお取替えいたします。

電子情報通信レクチャーシリーズ

（各巻B5判，欠番は品切または未発行です）
■電子情報通信学会編

配本順			頁	本体
		共通		
A-1	(第30回)	電子情報通信と産業　西村吉雄著	272	4700円
A-2	(第14回)	電子情報通信技術史　「技術と歴史」研究会編 ——おもに日本を中心としたマイルストーン——	276	4700円
A-3	(第26回)	情報社会・セキュリティ・倫理　辻井重男著	172	3000円
A-5	(第6回)	情報リテラシーとプレゼンテーション　青木由直著	216	3400円
A-6	(第29回)	コンピュータの基礎　村岡洋一著	160	2800円
A-7	(第19回)	情報通信ネットワーク　水澤純一著	192	3000円
A-9	(第38回)	電子物性とデバイス　益川一哉／天川修平 共著	244	4200円
		基礎		
B-5	(第33回)	論理回路　安浦寛人著	140	2400円
B-6	(第9回)	オートマトン・言語と計算理論　岩間一雄著	186	3000円
B-7	(第40回)	コンピュータプログラミング　富樫敦著 ——Pythonでアルゴリズムを実装しながら問題解決を行う——	208	3300円
B-8	(第35回)	データ構造とアルゴリズム　岩沼宏治他著	208	3300円
B-9	(第36回)	ネットワーク工学　田中敬介／村野裕／仙石正和 共著	156	2700円
B-10	(第1回)	電磁気学　後藤尚久著	186	2900円
B-11	(第20回)	基礎電子物性工学　阿部正紀著 ——量子力学の基本と応用——	154	2700円
B-12	(第4回)	波動解析基礎　小柴正則著	162	2600円
B-13	(第2回)	電磁気計測　岩崎俊著	182	2900円
		基盤		
C-1	(第13回)	情報・符号・暗号の理論　今井秀樹著	220	3500円
C-3	(第25回)	電子回路　関根慶太郎著	190	3300円
C-4	(第21回)	数理計画法　山下信雄／福島雅夫 共著	192	3000円

配本順			頁	本体
C-6	(第17回)	インターネット工学 　後藤滋樹・外山勝保 共著	162	2800円
C-7	(第3回)	画像・メディア工学 　吹抜敬彦 著	182	2900円
C-8	(第32回)	音声・言語処理 　広瀬啓吉 著	140	2400円
C-9	(第11回)	コンピュータアーキテクチャ 　坂井修一 著	158	2700円
C-13	(第31回)	集積回路設計 　浅田邦博 著	208	3600円
C-14	(第27回)	電子デバイス 　和保孝夫 著	198	3200円
C-15	(第8回)	光・電磁波工学 　鹿子嶋憲一 著	200	3300円
C-16	(第28回)	電子物性工学 　奥村次徳 著	160	2800円

【展開】

			頁	本体
D-3	(第22回)	非線形理論 　香田徹 著	208	3600円
D-5	(第23回)	モバイルコミュニケーション 　中川正雄・大槻知明 共著	176	3000円
D-8	(第12回)	現代暗号の基礎数理 　黒澤馨・尾形わかは 共著	198	3100円
D-11	(第18回)	結像光学の基礎 　本田捷夫 著	174	3000円
D-14	(第5回)	並列分散処理 　谷口秀夫 著	148	2300円
D-15	(第37回)	電波システム工学 　唐沢好男・藤井威生 共著	228	3900円
D-16	(第39回)	電磁環境工学 　徳田正満 著	206	3600円
D-17	(第16回)	VLSI工学 ―基礎・設計編― 　岩田穆 著	182	3100円
D-18	(第10回)	超高速エレクトロニクス 　中村徹・三島友義 共著	158	2600円
D-23	(第24回)	バイオ情報学 ―パーソナルゲノム解析から生体シミュレーションまで― 　小長谷明彦 著	172	3000円
D-24	(第7回)	脳工学 　武田常広 著	240	3800円
D-25	(第34回)	福祉工学の基礎 　伊福部達 著	236	4100円
D-27	(第15回)	VLSI工学 ―製造プロセス編― 　角南英夫 著	204	3300円

定価は本体価格+税です。
定価は変更されることがありますのでご了承下さい。

図書目録進呈◆

電気・電子系教科書シリーズ

(各巻A5判)

- ■編集委員長　高橋　寛
- ■幹　　　事　湯田幸八
- ■編集委員　　江間　敏・竹下鉄夫・多田泰芳
- 　　　　　　　中澤達夫・西山明彦

配本順		書名	著者	頁	本体
1.	(16回)	電気基礎学	柴田尚志・新多志共著	252	3000円
2.	(14回)	電磁気学	多田泰芳・柴田尚志共著	304	3600円
3.	(21回)	電気回路Ⅰ	柴田尚志著	248	3000円
4.	(3回)	電気回路Ⅱ	遠藤　勲・鈴木靖共著	208	2600円
5.	(29回)	電気・電子計測工学(改訂版) ―新SI対応―	吉澤昌純・降矢典雄・吉村子巳之彦・福田和明・高橋拓二西山明彦共著	222	2800円
6.	(8回)	制御工学	平田光二・木村鎮著	216	2600円
7.	(18回)	ディジタル制御	堀込俊郎著	202	2500円
8.	(25回)	ロボット工学	白水俊次著	240	3000円
9.	(1回)	電子工学基礎	中澤達夫・藤原勝幸共著	174	2200円
10.	(6回)	半導体工学	渡辺英夫著	160	2000円
11.	(15回)	電気・電子材料	中澤達夫・藤原服部共著	208	2500円
12.	(13回)	電子回路	押田山田原健英充弘二共著	238	2800円
13.	(2回)	ディジタル回路	伊若海澤博夫純也共著	240	2800円
14.	(11回)	情報リテラシー入門	土室進賀厳共著	176	2200円
15.	(19回)	C++プログラミング入門	湯田幸八著	256	2800円
16.	(22回)	マイクロコンピュータ制御プログラミング入門	柚賀正光千代谷慶共著	244	3000円
17.	(17回)	計算機システム(改訂版)	春日泉舘雄幸健治八博共著	240	2800円
18.	(10回)	アルゴリズムとデータ構造	湯伊原田原充邦勉弘敏共著	252	3000円
19.	(7回)	電気機器工学	前田谷間橋新江高敏敦共著	222	2700円
20.	(31回)	パワーエレクトロニクス(改訂版)	江間敏・甲斐隆章共著	232	2600円
21.	(28回)	電力工学	江間三間吉甲木斐隆成章共著	296	3000円
22.	(30回)	情報理論(改訂版)	吉川英機夫著	214	2600円
23.	(26回)	通信工学	竹下鉄豊夫共著	198	2500円
24.	(24回)	電波工学	松田部正克久幸共著	238	2800円
25.	(23回)	情報通信システム(改訂版)	宮南岡桑田原月裕唯史夫共著	206	2500円
26.	(20回)	高電圧工学	植松孝志箕共著	216	2800円

定価は本体価格+税です。
定価は変更されることがありますのでご了承下さい。

◆図書目録進呈◆